普通高等教育“十二五”规划教材

网页设计与制作

孙　娜　蒲秋梅　南　洋　编　著

中国水利水电出版社
www.waterpub.com.cn

内 容 提 要

本书是按照教育部高等学校计算机基础课程教学指导委员会提出的《关于进一步加强高校计算机基础教学的意见》中有关“网页设计基础”课程的教学要求及人才培养的要求，针对高等学校文科（艺术类）学生特点组织编写的。全书共分 7 章，介绍了 Internet 与网页设计的基础知识，以案例为线，讲解了网页图像处理工具 Photoshop CC 2014 及可视化网页制作工具 Dreamweaver CC 2014 的使用方法，详细介绍了代表未来 Web 发展方向的 HTML5 应用及 CSS 最新规范标准 CSS3。

本书既可以作为高等学校计算机专业“网页设计与制作”相关课程的教材，又可以作为广大网页制作人员和网页制作爱好者的实用学习指导书和网页设计培训班的教材，同时还可以作为高等学校非计算机专业师生教学或自学用书。

本书提供源代码、素材，读者可以从中国水利水电出版社网站和万水书苑上免费下载，网址为：http://www.waterpub.com.cn/softdown/和 http://www.wsbookshow.com。

图书在版编目（CIP）数据

网页设计与制作 / 孙娜，蒲秋梅，南洋编著. -- 北京：中国水利水电出版社，2015.11
普通高等教育“十二五”规划教材
ISBN 978-7-5170-3865-8

Ⅰ. ①网… Ⅱ. ①孙… ②蒲… ③南… Ⅲ. ①网页制作工具－高等学校－教材 Ⅳ. ①TP393.092

中国版本图书馆CIP数据核字(2015)第290098号

策划编辑：石永峰　责任编辑：李　炎　加工编辑：封　裕　封面设计：李　佳

书　名	普通高等教育“十二五”规划教材 **网页设计与制作**
作　者	孙　娜　蒲秋梅　南　洋　编　著
出版发行	中国水利水电出版社 （北京市海淀区玉渊潭南路 1 号 D 座　100038） 网址：www.waterpub.com.cn E-mail：mchannel@263.net（万水） sales@waterpub.com.cn 电话：（010）68367658（发行部）、82562819（万水）
经　售	北京科水图书销售中心（零售） 电话：（010）88383994、63202643、68545874 全国各地新华书店和相关出版物销售网点
排　版	北京万水电子信息有限公司
印　刷	三河市铭浩彩色印装有限公司
规　格	184mm×260mm　16 开本　13.5 印张　329 千字
版　次	2015 年 11 月第 1 版　2015 年 11 月第 1 次印刷
印　数	0001—3000 册
定　价	28.00 元

前　　言

本书从头到尾地讲解了如何规划、设计和制作一个简单的个人网站，这是一个从概念到代码的过程。通过讲述构建这个网站的策略性步骤，提供了适合于大多数项目的工作流程实例。读者可以观察网站是怎样从无到有创建起来的。

其中涉及到网页的基本原理、网页设计的基本要素、网页制作的工具、HTML 语言（HTML5）、CSS 等，还包括如何使用 JavaScript 实现网页的一些特效。需要特别指出的是，由于 HTML5 不推荐使用 Flash 动画，本书并没有安排专门的章节讲解 Adobe Flash 软件的应用和动画的制作。

按照以上思路，全书内容共分为 7 章。

第 1 章“网页设计概述”介绍了网页及网站设计的基础知识——Internet 与网页的关系、网络协议与网页关系、网站与网页的关系、网页的基本元素、网页设计工具等，还介绍了不同浏览器对网页的兼容性导致网页显示效果的区别。

第 2 章“网站规划与页面布局”介绍了网页设计的目标，网页设计的流程，如何设定网页风格，如何为网页设计合适的色彩等内容，并且以一个个人网站为例，详细描述了网页设计的过程。

第 3 章“网页设计工具——Photoshop”介绍了如何应用 Photoshop 进行网页的设计。其中包括 Photoshop 的基础知识，以及 Photoshop 在网页设计时的常见应用，通过大量的实例使读者掌握 Photoshop 在网页设计中的实际使用。以第 2 章中的网站规划为基础展开设计，详细描述了在 Photoshop 中设计网页效果图的步骤。

第 4 章“超文本标记语言 HTML 与 HTML5”包括 HTML 概述以及 HTML5 的介绍，HTML 文档的基本组成，如何在网页中添加文字、图像、音频、视频、表格、表单等内容，如何使用 HTML5 的 canvas 元素在网页中画图，在最后一节详细展示了一个使用 HTML5 编写网页的例子。

第 5 章“可视化网页制作工具——Dreamweaver”包括 Dreamweaver 概述，Dreamweaver 的工作界面介绍以及 Dreamweaver CC 2014 的新功能，如何在 Dreamweaver 中新建和管理站点，如何在网页中添加文字、图像、音频、视频、超链接、表格、表单等内容，并展示了如何不手写代码而尽量使用 Dreamweaver 提供的功能完成第 4 章中的例子。

第 6 章“CSS 应用基础”介绍了 CSS 的概念、CSS 的使用方法、CSS 的基本语法，以及如何使用 CSS 样式进行美化，使第 4 章中只具备基础结构性元素的网页变得和 Photoshop 设计图的效果类似。

第 7 章“JavaScript 应用基础”介绍了 JavaScript 的基本概念、JavaScript 基本语法以及目前应用最广泛的 JavaScript 库——jQuery 的基本用法，还详细讲解了一个图片轮播的综合应用实例。

本书的一部分参考资料来源于网络，无法一一查明原作者，有些无法准确列明出处，敬请谅解。感谢每一位具有共享精神的互联网信息提供者。

由于作者水平有限，书中难免有疏漏和不妥之处，敬请读者批评指正。如对本书有任何意见和建议，可通过电子邮件 sunna_07@163.com 与作者联系。

本书是网站前端开发的入门书籍，适合刚接触前端开发的设计人员和高等院校的本科生。

编　者

2015 年 10 月

目　　录

第 1 章　网页设计概述

网页，是构成网站的基本元素，是承载各种网站应用的平台。通俗地说，网站就是由网页组成的。网页是一个文件，它可以存放在世界某个角落的某一台计算机中，是万维网中的一“页”。一个网站一般由若干个网页构成。

一个直观的体验：

请你进入一个网站，单击右键选择“另存为”或在“工具”菜单中单击“网页另存为”（在不同的浏览器下，打开“另存为”的方式略有区别），在“另存为”对话框中选择保存类型“网页，全部”后保存。在保存的目录中，会看到一个以.html（或.htm）作为后缀名的文件和一个与此网页同名的文件夹，双击打开这个.html 文件，呈现出来的就是之前你所浏览的网站的样子。一个网页就是一个文件，这是你获得的对网页的第一个认识。

或者，在网页上单击鼠标右键，选择快捷菜单中的“查看源文件”，也可以通过记事本看到网页的实际内容。网页实际上只是一个纯文本文件。它通过各式各样的标签对页面上的文字、图片、表格、声音等元素进行描述（例如字体、颜色、大小），而浏览器则对这些标签进行解释并生成页面，于是就得到你在浏览器上所看到的能够显示文字、链接、图像、视频等多种元素的网页。在源文件中看不到任何图片——网页文件中存放的只是图片的链接位置，而图片文件与网页文件是互相独立存放的，甚至可以不在同一台计算机上。

网页设计是根据企业希望向浏览者传递的信息（包括产品、服务、理念、文化），进行网站功能策划，然后进行的页面设计美化工作。网页设计一般分为三大类：功能型网页设计（服务网站和 B/S 软件用户端）、形象型网页设计（品牌形象站）、信息型网页设计（门户站）。设计网页的目的不同，应选择不同的网页策划与设计方案。

在以后的内容中，我们将学习如何利用一些网页设计的工具和从网上获取的素材，设计制作符合网站特点的网页。

在本章中，包含以下内容：

- Internet 和万维网的基础知识；
- 网站与网页的基本概念；
- 网页的基本元素；
- 网页制作的基本方法；
- 网页设计常用工具；
- 不同浏览器对网页的兼容性导致网页显示效果的区别。

1.1　计算机网络基础

不可否认，网页是依赖于 Internet 和万维网存在的，因此，在本书的开始，将用 Internet 和万维网的常识来开启网页制作之门。

1.1.1 因特网和万维网

1. 因特网

因特网（Internet）又称国际计算机互联网，是目前世界上影响最大的国际性计算机网络。其准确的描述是：因特网是一个网络的网络（a network of network）。它通过 TCP/IP 网络协议将各种不同类型、不同规模、位于不同地理位置的物理网络联接成一个整体。它融合了现代通信技术和现代计算机技术，集各个部门、领域的各种信息资源为一体，从而构成网上用户共享的信息资源网。

2. IP 地址

尽管互联网上联接了无数的服务和电脑，但它们并不是处于杂乱无章的无序状态，而是每一个主机都有唯一的地址，作为该主机在 Internet 上的唯一标志，称为 IP 地址（Internet Protocol Address）。

IP 地址由网络号和主机号两部分组成，同一网络内的所有主机使用相同的网络号，主机号是唯一的。IP 地址是一个 32 位的二进制数，分成 4 个字段，每个字段 8 位。例如 223.104.3.244 是一个正确的 IP 地址。

3. 域名

由于 IP 地址是一长串数字，不容易记忆。因而产生了域名（Domain Name）这一种字符型标识，用来代替数字型的 IP 地址。每一个域名都与特定的 IP 地址对应。域名不仅便于记忆，而且即使在 IP 地址发生变化的情况下，通过改变解析对应关系，域名仍可保持不变。

域名的主要形式是由若干个英文字母、数字、“-”“.” 等符号按一定的方式组成的。域名可按级别分为顶级域名、二级域名和多级域名。

4. 万维网

万维网（World Wide Web，简称 WWW）是 Internet 上集文本、声音、图像、视频等多媒体信息于一身的全球信息资源网络，是 Internet 上的重要组成部分。WWW 的网页文件是使用超文本标记语言（HyperText Markup Language，HTML）编写的，并在超文本传输协议（HyperText Transfer Protocol，HTTP）支持下运行。超文本中不仅含有文本信息，还包括图形、声音、图像、视频等多媒体信息（故超文本又称超媒体），更重要的是超文本中隐含着指向其他超文本的链接，这种链接称为超级链接（Hyperlink），即超链接。利用超文本，用户能轻松地从一个网页链接到其他相关内容的网页上，而不必关心这些网页分散在何处的主机中。

5. Web 服务器

Web 服务器的基本功能是提供 Web 信息浏览服务。它只需支持 HTTP 协议、HTML 文档格式及 URL，与客户端的网络浏览器配合。网站只有被部署在 Web 服务器上并且对外提供服务，用户才能进入网站浏览网页。

1.1.2 超文本标记语言 HTML

超文本标记语言（HyperText Markup Language，HTML）是一种制作万维网页面的标准语言，是万维网浏览器使用的一种语言，它消除了不同计算机之间信息交流的障碍。

HTML 是目前网络上应用最为广泛的语言，也是构成网页文档的主要语言。HTML 文件是由 HTML 命令组成的描述性文本，HTML 命令可以说明文字、图形、动画、声音、表格、链接等。

HTML 文件是可以被多种网页浏览器读取，产生网页传递各类信息的文件。从本质上来说，Internet（互联网）是一个由一系列传输协议和各类文档所组成的集合，HTML 文件只是其中的一种。这些 HTML 文件存储在分布于世界各地的服务器硬盘上，通过传输协议用户可以远程获取这些文件所传达的资讯和信息。

1.1.3 统一资源定位符 URL

在 WWW 上，每一信息资源都有统一的且在网上唯一的地址，该地址就叫 URL（Uniform Resource Locator，统一资源定位符），它是 WWW 的统一资源定位标志。这种地址可以是本地磁盘，也可以是局域网上的某一台计算机，更多的是 Internet 上的站点。简单地说，URL 就是 Web 地址，俗称网址，也就是在浏览器地址栏里看到的内容。

1. URL 的构成

以下面这个 URL 为例，介绍下 URL 的构成。

http://www.aspxfans.com:8080/news/index.jsp?boardID=5&ID=24618&page=1#name

（1）协议部分：该 URL 的协议部分为“http:”，表示网页使用的是 HTTP 协议。在 Internet 中可以使用多种协议，如 HTTP、FTP 等。在“HTTP:”后面的“//”为分隔符。

（2）域名部分：该 URL 的域名部分为“www.aspxfans.com”。一个 URL 中，也可以将 IP 地址作为域名使用，例如将“www.aspxfans.com”替换为“202.10.192.3”也是正确的写法。

（3）端口部分：跟在域名后面的是端口，域名和端口之间使用“:”作为分隔符。端口不是一个 URL 必须的部分，如果省略端口部分，将采用默认端口。HTTP 的默认端口是 80。

（4）虚拟目录部分：从域名后的第一个“/”开始到最后一个“/”为止，是虚拟目录部分。虚拟目录也不是一个 URL 必须的部分。本例中的虚拟目录是“/news/”。虚拟目录的结构表示网站的层次关系。

（5）文件名部分：从域名后的最后一个“/”开始到“?”为止，是文件名部分，如果没有“?”，则是从域名后的最后一个“/”开始到“#”为止，是文件部分，如果没有“?”和“#”，那么从域名后的最后一个“/”开始到结束，都是文件名部分。本例中的文件名是“index.jsp”。文件名部分也不是一个 URL 必须的部分，如果省略该部分，则使用默认的文件名。

（6）锚部分：从“#”开始到最后，都是锚部分。本例中的锚部分是“name”。使用锚会使用户的页面滚动到锚点的位置。锚部分也不是一个 URL 必须的部分。

（7）参数部分：从“?”到“#”之间的部分为参数部分，又称搜索部分、查询部分。本例中的参数部分为“boardID=5&ID=24618&page=1”。参数可以允许有多个，参数与参数之间用“&”作为分隔符。

2. 绝对和相对 URL

当一个 URL 指向同一个网站的另一个资源时，它可以在两种形式中任选一种：绝对 URL 和相对 URL。一个绝对 URL 是包含了协议和主机名的完整的字符串，当链接到网站的域之外的一个网站和文件时，应该使用绝对 URL。而站内 URL 可以使用相对 URL，也可以使用绝对 URL。推荐使用相对 URL。

一个相对 URL 指向同一个网站内的一个资源，它仅包含路径和（或）文件，略去了协议和主机名，相对路径的写法一般是以下这种形式：

examples/chapter1/example.html

如果目标文件与包含该 URL 的文件位于同一目录中，那么路径也可以省略，只需要指定文件名和扩展名，如下所示：

example.html

如果目标文件位于源文件上层的目录中，那么相对路径可以用两个圆点加一个斜线（../）表示，指示浏览器到上一层去查找该资源。“../”的每一次出现都表示上一层，因此一个指向上两层目录的 URL 应该写成：

../../example.html

例 1-1　相对路径实例

某网站的文件结构如图 1-1 所示。

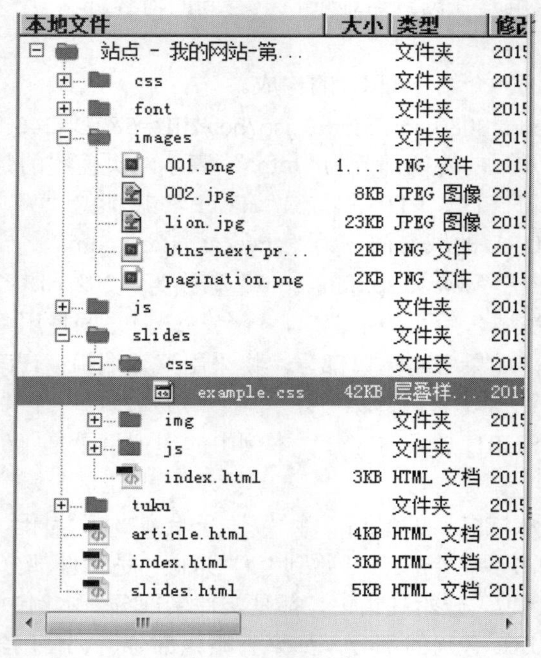

图 1-1　网站结构

如果在根目录下的 index.html 中指向同一网站中的 slides/css 目录下的 example.css 文件，相对路径的写法是：

slides/css/example.css

如果在 slides 目录下的 index.html 指向网站根目录下 images 文件夹中的 lion.jpg，相对路径的写法是：

../images/lion.jpg

如果在 slides/css 目录下的 example.css 指向网站根目录下 images 文件夹中的 lion.jpg，则相对路径的写法是：

../../images/lion.jpg

相对 URL 是一种让文件引用既简短又易于移植的手段。如果站内 URL 都使用相对 URL，那么整个网站被移植到另一个域时，所有的站内 URL 依旧能正常运作。因此，再次强调，站内 URL 最好使用相对 URL。

1.1.4　超文本传输协议（HTTP）

超文本传输协议（HTTP）是一种通信协议，它允许将超文本标记语言（HTML）文档从 Web 服务器传送到客户端的浏览器。

HTTP 协议，即超文本传输协议（HyperText Transfer Protocol），是一种详细规定了浏览器和万维网（World Wide Web，WWW）服务器之间互相通信的规则，通过因特网传送万维网文档的数据传送协议。

HTTP 协议是用于从 WWW 服务器传输超文本到本地浏览器的传送协议。它可以使浏览器更加高效，使网络传输减少。它不仅保证计算机正确快速地传输超文本文档，还确定传输文档中的哪一部分，以及哪部分内容首先显示（如文本先于图形）等。

一次 HTTP 操作称为一个事务，其工作过程可分为四步，如图 1-2 所示：

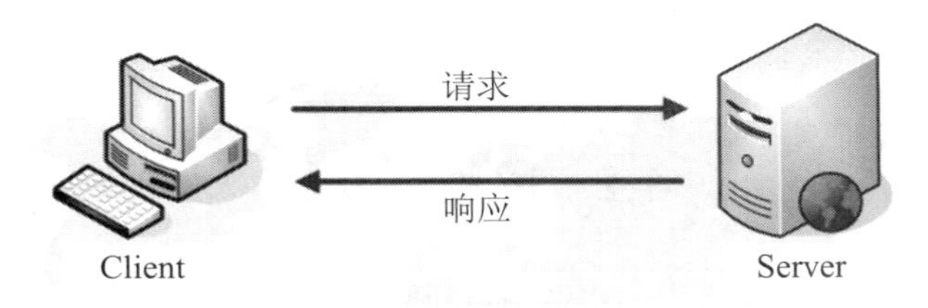

图 1-2　HTTP 工作流程

（1）首先客户机与服务器需要建立连接。只要单击某个超链接，HTTP 的工作开始。

（2）建立连接后，客户机发送一个请求给服务器。

（3）服务器响应客户机的请求。

（4）客户端接收服务器所返回的信息通过浏览器显示在用户的显示屏上，然后客户机与服务器断开连接。

如果在以上过程中的某一步出现错误，那么产生错误的信息将返回到客户端，由显示屏输出。对于用户来说，这些过程是由 HTTP 自己完成的，用户只要用鼠标单击，等待信息显示就可以了。

1.1.5　浏览器

浏览器（Browser）是用户通向 WWW 的桥梁和获取 WWW 信息的窗口，通过浏览器，用户可以在浩瀚的 Internet 海洋中漫游，搜索和浏览自己感兴趣的所有信息。互联网的革命浪潮带动了众多技术的快速发展，其中，浏览器作为互联网最重要的终端接口之一，在短短的二十多年时间里日新月异，特别是在进入 21 世纪后，越来越多的功能被加入到浏览器中。在 W3C 等标准组织的积极推动下逐步成形的 HTML5 技术，更是成为了浏览器发展的火箭推进器。

浏览器是指可以显示网页服务器或者文件系统的 HTML 文件（标准通用标记语言的一个应用）内容，并让用户与这些文件交互的一种软件。它用来显示在万维网或局域网等内的文字、图像及其他信息。这些文字或图像，可以是连接其他网址的超链接，用户可迅速且轻易地浏览各种信息。

常见的网页浏览器有 Internet Explorer（IE）、Google Chrome、Firefox、Safari、Opera、QQ

浏览器、百度浏览器、搜狗浏览器、猎豹浏览器、360 浏览器、UC 浏览器、傲游浏览器、世界之窗浏览器等。

大体上来讲，浏览器的功能包括网络、资源管理、网页浏览、多页面管理、插件和扩展、书签管理、历史记录管理、设置管理、下载管理、账户和同步、安全机制、隐私管理、外观主题、开发者工具等。

随着移动互联网的发展，移动端的浏览器地位越来越突出。对于 PC 端和移动端来说，Chrome 支持目前所有主流的操作系统，后面依次是 Firefox、Safari 和 IE。不过，因为 iOS 的一些特殊限制，使得 Chrome 虽然发布了 iOS 版，但是其内核仍然不是自身的，还是 iOS 系统默认的，而 Firefox 和 IE 则直接没有 iOS 版。

不同的浏览器对 HTML5 的支持程度不同。支持 HTML5 的浏览器包括 Firefox（火狐浏览器）、IE9 及其更高版本、Chrome（谷歌浏览器）、Safari、Opera 等。国内的傲游浏览器（Maxthon），以及基于 IE 或 Chromium（Chrome 的工程版或称实验版）所推出的 360 浏览器、搜狗浏览器、QQ 浏览器、猎豹浏览器等国产浏览器同样具备支持 HTML5 的能力。

1.2 网站与网页

网页是构成网站的基本元素，是承载各种网站应用的平台。通俗地说，网站就是由网页组成的。

1.2.1 网页的概念

网页是用 HTML 语言编写，通过 WWW 传播，并被 Web 浏览器翻译成可以显示出来的集文本、超链接、图片、声音和动画、视频等信息元素为一体的页面文件，是网站的基本单位，也是 WWW 的基本文档。

以程序是否在服务器端运行来区分，可以把网页分为静态网页和动态网页。在服务器端运行的程序、网页、组件，属于动态网页，它们会随不同客户、不同时间，返回不同的网页，例如 ASP、PHP、JSP、ASP.NET、CGI 等。运行于客户端的程序、网页、插件、组件，属于静态网页，例如 HTML 页、Flash、JavaScript、VBScript 等，它们是永远不变的。需要注意的是，单纯的滚动字幕、动画效果或 Flash 网页不是动态网页。

静态网页和动态网页各有特点，网站采用动态网页还是静态网页主要取决于网站的功能需求和网站内容的多少，如果网站功能比较简单，内容更新量不是很大，采用纯静态网页的方式会更简单，反之一般要采用动态网页技术来实现。静态网页是网站建设的基础。

建设网站时，一般是使用 Dreamweaver 等工具先制作静态网页，再向静态网页中加入 Java 等程序代码使它成为动态网页。但不管是动态页面还是静态页面在客户端都已经被解析为静态页面。动态网页需要服务器执行（运算）成静态网页的内容，然后由浏览器下载到浏览者所在机器上浏览。静态网页是任何网站的根基，因为浏览者浏览的内容永远是从服务器传回的静态网页的内容。可以打开任意一个网页查看其源代码，从源代码的结构可以看出它是静态页面。

建站是个复杂的工作，涉及到包括网页制作在内的很多内容。在本书中，网页设计和制作只涉及静态页面，动态页面不在讨论的范围内。

1.2.2　网站的结构

一个网站通常是由许多网页构成的，因此如何管理这些网页也是非常重要的。

通常在开发网站的时候，并不是把所有的网站文件都保存在一个站点根目录下面，而是使用不同的文件夹来存放不同性质的文件。一个合理的网站文件结构对于开发者来说是非常重要的，它可以使站点的结构更清晰，避免发生错误。网站开发者可以通过合适的文件结构来对网站的文件进行方便的定位和管理。在 Dreamweaver 中，更是具有专门管理网站的功能。

以下是几种常用的网站文件组织结构，可供读者在建立网站时作为参考。

1. 按照文件的类型对网站的文件进行管理

如图 1-3 所示，这种存储方案适用于中小型的网站。

本地文件	大小	类型	修改	取出者
站点 - mwww (C:...		文件夹	2015/8/6 14:20	-
js		文件夹	2015/7/20 8:54	-
images		文件夹	2015/7/20 9:31	-
html		文件夹	2015/8/6 14:23	-
zjbj.html	9KB	Chrome...	2015/6/18 23:47	
website.html	8KB	Chrome...	2015/7/12 20:07	
userinfo....	13KB	Chrome...	2015/7/11 21:58	
tree.html	12KB	Chrome...	2015/6/19 11:01	
top.html	4KB	Chrome...	2015/7/10 13:52	
tongxun.html	11KB	Chrome...	2015/7/10 9:00	
third.html	2KB	Chrome...	2015/7/10 23:32	
second.html	11KB	Chrome...	2015/7/13 16:19	
pic-news....	7KB	Chrome...	2015/7/8 10:45	
my-liulan...	34KB	Chrome...	2015/7/13 16:32	
my-folder...	12KB	Chrome...	2015/7/14 8:36	
main.html	19KB	Chrome...	2015/7/10 13:55	
login.html	15KB	Chrome...	2015/7/9 15:03	
line-res....	8KB	Chrome...	2015/7/12 20:20	
index.html	21KB	Chrome...	2015/7/10 11:38	
footer.html	2KB	Chrome...	2015/7/10 13:50	
editpass....	6KB	Chrome...	2015/7/9 13:21	
admin.html	34KB	Chrome...	2015/7/12 13:54	
add.html	19KB	Chrome...	2015/7/5 16:37	
add-res.html	10KB	Chrome...	2015/7/11 23:18	
fonts		文件夹	2015/7/20 8:54	-
Font-Awesome		文件夹	2015/7/20 8:54	-
css		文件夹	2015/7/20 10:05	-

图 1-3　按照文件的类型对网站的文件进行管理

对于大型网站来说，这种分类存放文件的方式并不适用，因为很可能同样类型的文件数量相当多，仅仅根据文件类型对文件进行分类存储是不够的。

2. 按照主题对文件进行分类管理

网站中的页面按照不同的主题进行分类存储。关于某个主题的所有文件被存放在一个文件夹中，然后再进一步细分文件的类型。这种存储方案适用于那些页面与文件数量众多、信息量大的静态网站，如图 1-4 所示。

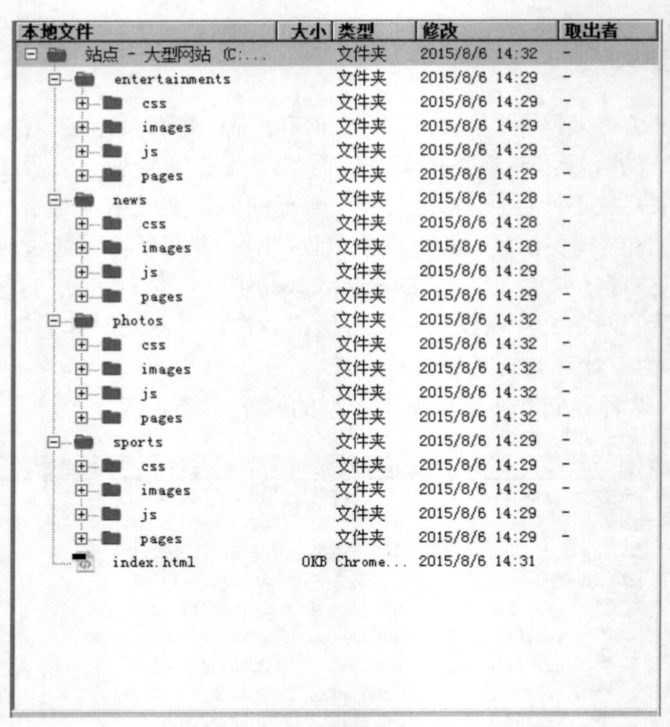

图 1-4　按照不同的主题进行分类

3. 对文件的类型进行进一步细分存储管理

这种存储方案实际上是第一种存储方案的深化，将页面进一步细分后进行分类存储管理。这种存储方案适用于那些文件类型复杂的多媒体动态网站。

总而言之，网站的文件存储结构不是固定的，网站开发者要根据实际需要建立适合自己网站的存储结构，但是要遵守以下几条原则：

（1）在网站开发之前，开发者就应该建立规划好站点并且建立合适的存储目录，这将给以后的开发工作带来很多方便。

（2）网站的首页文件通常是 index.html，它一般存放在网站的根目录中。

（3）网站使用的所有网页文件及资源都必须存放在站点的文件夹或者子文件夹中。

（4）所有的文件夹应该遵循同样的命名规范，尽量使用英文命名，不能出现非法字符（如空格和“+”“/”等）。和文件名一样，同一路径下的文件夹不能重名。

（5）尽量不要通过操作系统进行网站文件的删除、重命名或者移动等操作，以免导致链接错误。所有的这些操作都应该通过 Dreamweaver 的站点管理功能来完成。在 Dreamweaver 中管理站点时，一旦网站结构发生变化，Dreamweaver 会自动更新链接，保证网页中所有的链接都依然可用。

1.3　网页的基本元素

当浏览者进入某个页面时，可以在浏览器中看到文字、图片、动画、视频、超链接等内容。也就是说，网页由文本、图像、动画、超链接等基本元素构成。

1.3.1　文本

一般情况下，网页中最多的内容是文本，文本一直是人类最重要的信息载体与交流工具，网页中的信息也以文本为主。与图像相比，文本虽然不如图像那样能够很快引起浏览者的注意，但却能准确地表达信息的内容和含义。为了增加文字的表现力，可以根据需要对其字体、大小、颜色、底纹、边框等属性进行设置。建议用于网页正文的文字一般不要太大，也不要使用过多的字体，中文文字一般可使用宋体或微软雅黑，大小一般使用 9 磅或 12 像素左右即可。因为过大的字在显示器中显示时，线条不够平滑。颜色也不要使用得太过斑驳，以免造成浓妆艳抹的恶俗效果。

文本在网页中的主要功能是显示信息和超链接。文本通过文字的具体内容与不同格式来显示信息的重要内容，这是文本的直接功能。此外，文本作为一个对象，往往又是超链接的触发体，通过文本表达的链接目标指向相关的内容。

1.3.2　图像

丰富多彩的图像是美化网页必不可少的元素，图像的功能有提供信息、展示作品、装饰网页、表现风格和超链接。

1. 分辨率

在学习图像的知识时不可避免地会遇到“分辨率”这个概念。

分辨率是指在单位长度内所含有的点（即像素）的多少。通常我们会将分辨率混淆，认为分辨率就是指图像分辨率，其实分辨率有很多种，例如图像分辨率、设备分辨率、屏幕分辨率等。

（1）图像分辨率

图像分辨率是指每英寸图像含有多少个点或像素，分辨率的单位为点/英寸（英文缩写为 dpi），例如 300dpi 就表示该图像每英寸含有 300 个点或像素。在 Photoshop 中也可以用 cm（厘米）为单位来计算分辨率。图像分辨率的默认单位是 dpi。

分辨率的大小直接影响图像的品质。分辨率越高，图像越清晰，所产生的文件也就越大，在工作中所需的内存和 CPU 处理时间也就越多。所以在制作图像时，不同品质的图像需设置适当的分辨率，才能最经济有效地制作出作品，例如用于打印输出的图像的分辨率就需要高一些，如果只是在屏幕上显示的作品（如多媒体图像或网页图像），就可以低一些。

（2）设备分辨率

设备分辨率是指每单位输出长度所代表的点数和像素。它与图像分辨率有着不同之处，图像分辨率可以更改，而设备分辨率则不可以更改。如平时常见的计算机显示器、扫描仪和数码相机这些设备，各自都有一个固定的分辨率。

（3）屏幕分辨率

屏幕分辨率又称为屏幕频率，是指打印灰度级图像或分色所用的网屏上每英寸的点数，它是用每英寸上有多少行来测量的。屏幕分辨率可以手动设置。

计算机中的图像类型分为两种：位图和矢量图。位图是由像素点组合而成的图像，一个点就是一个像素，每个点都有自己的颜色。位图和分辨率有着直接的联系，分辨率大的位图清晰度高，其放大倍数也相应增加。但是，当位图的放大倍数超过其最佳分辨率时，就会出现细节丢失并产生锯齿状边缘的情况。矢量图是以数学向量方式记录图像的，其内容以线条和色块为主。矢量图和分辨率无关，它可以任意地放大且清晰度不变，也不会出现锯齿状边缘。

2. 图像类型

网页中使用的图像主要是 GIF、JPEG、PNG 等格式。

（1）GIF 图像

GIF 由 Compu Serve 公司于 1987 年 6 月制定，支持 64000 像素的图像，最多只能支持 256 色到 16 MB 颜色的调色板，即 8 位图像。GIF 靠水平扫描像素行找到固定的颜色区域进行压缩，然后减少同一区域中的像素数量。单个文件中的多重图像，可按行扫描迅速解码以及有效地压缩，具有硬件无关性。GIF 通常对于卡通、图形、Logo，以及带有透明区域的图形、动画很有作用，主要用于多媒体制作与网页制作中。GIF 文件格式的扩展名是“.gif”。

GIF 文件的特点是：文件小，使用时占用系统内存少，调用时间短。

（2）JPEG 图像

JPEG（Joint Photographic Experts Group，联合图像专家组）是一种特别为照片图像设计的图片压缩处理格式。JPEG 文件格式的扩展名是“.jpg”。

JPEG 文件采用先进的压缩算法（有无损压缩与有损压缩两类），可以保持较好的图像保真度和较高的压缩比。当压缩比达到 48:1 时，可以保持很好的图像效果。JPEG 文件格式是扫描照片、带材质的图像、带渐变色过渡的图像或者多于 256 种颜色图像的最佳格式。

（3）PNG 图像

PNG 即可移植网络图形。PNG 图像是专门针对 Web 开发的一种无损压缩图像，它的压缩比要大大超过许多传统的图像无损压缩算法，同时还支持透明背景和动态效果。因此，在网页中得到了大范围的应用。PNG 文件格式的扩展名是“.png”。

（4）HTML5 的 canvas 元素

另外，HTML5 提供了 canvas 元素，HTML5 的 canvas 元素使用 JavaScript 在网页上绘制图像。画布是一个矩形区域，可以控制其每一像素。canvas 拥有多种绘制路径、矩形、圆形、字符以及添加图像的方法。

1.3.3 音频

音频是多媒体网页的一个重要组成部分。当前存在着一些不同类型的声音文件和格式，也有不同的方法将这些声音添加到 Web 页中。在决定被添加声音的格式和方式之前，需要考虑的因素是：声音的用途、声音文件的格式、声音文件的大小、声音的品质和浏览器的差别等。不同的浏览器对于声音文件的处理方法是非常不同的，彼此之间很可能不兼容。

用于网络的声音文件格式非常多，常用的是 MIDI、WAV、MP3 和 AIF 等。

一般说来，不要使用声音文件作为网页的背景音乐，那样会影响网页的下载速度。可以在网页中添加一个链接来打开声音文件作为背景音乐，让播放音乐变得可以控制。

在网页中，大多数音频是通过插件（比如 Flash）来播放的，如果浏览器没有安装播放音频的插件，则音频无法播放。HTML5 中提供了播放音频的元素，支持 Ogg、MP3 和 WAV 格式音频播放，无需安装插件。

1.3.4 视频

视频的使用方法有很多，均能够提高用户的浏览体验。只要播放流畅、加载迅速，那么视频的传达能力完全可以超越图像，从而提高整体设计水平。

在网页中，视频文件可以分成两大类：一是影音文件，比如说常见的 VCD；二是流式视频文件，或称流媒体视频文件。网页中的视频更多采用流媒体文件。

1. 影音文件

影音文件的应用非常广泛，是一类传统的视频格式。

（1）AVI 格式

AVI（Audio Video Interleaved）格式，是由 Microsoft 公司开发的一种数字音频与视频文件格式。

（2）MOV 格式（QuickTime）

QuickTime 格式是 Apple 公司开发的一种音频、视频文件格式。QuickTime 文件格式支持 25 位彩色，支持领先的集成压缩技术，提供 150 多种视频效果，并配有提供了 200 多种 MIDI 兼容音响和设备的声音装置。新版的 QuickTime 进一步扩展了原有功能，包含了基于 Internet 应用的关键特性。

（3）MPEG/MPG/MPA/DAT 格式

MPEG 是 Moving Pictures Experts Group（动态图像专家组）的缩写，由国际标准化组织（International Organization for Standardization，ISO）与 IEC（International Electrotechnical Commission）于 1988 年联合成立，专门致力于运动图像（MPEG 视频）及其伴音编码（MPEG 音频）标准。MPEG 是运动图像压缩算法的国际标准，现已被几乎所有的计算机平台共同支持。压缩效率很高，同时图像和音响的质量也非常好。

2. 流媒体文件

流媒体视频文件支持在线播放，现场直播等。通俗地说，就是边下载边播放。由于视频文件的体积往往比较大，网络带宽限制了视频数据的实时传输和实时播放，于是一种新型的流式视频（Streaming Video）格式应运而生。这种方式是先从服务器上下载一部分视频文件，形成视频流缓冲区后实时播放，同时继续下载，为接下来的播放做好准备。这种“边传边播”的方法避免了用户必须等待整个文件从 Internet 上全部下载完毕才能观看的缺点。常见的流式视频格式有以下几种：

（1）RM/RMVB（Real Media）格式

RM 格式是 RealNetworks 公司开发的一种新型流式视频文件格式，在数据传输过程中可以边下载边由 RealPlayer 播放视频影像，而不必像大多数视频文件那样，必须先下载然后才能播放。目前，Internet 上已有不少网站利用 RealVideo 技术进行重大事件的实况转播。

（2）MOV 文件格式（QuickTime）

MOV 也可以作为一种流文件格式。QuickTime 能够通过 Internet 提供实时的数字化信息流、工作流与文件回放功能，为了适应这一网络多媒体应用，QuickTime 为多种流行的浏览器软件提供了相应的 QuickTime Viewer 插件（Plug-in），能够在浏览器中实现多媒体数据的实时回放。

（3）ASF/WMV（Advanced Streaming Format）格式

Microsoft 公司推出的 Advanced Streaming Format（ASF，高级流格式），也是一个在 Internet 上实时传播多媒体的技术标准。ASF 的主要优点包括：本地或网络回放、可扩充的媒体类型、部件下载，以及扩展性等。

（4）FLV 格式

FLV 格式不仅可以轻松地导入 Flash 中，几百帧的影片就一两秒钟，同时也可以通过 RTMP 协议从 Flashcom 服务器上流式播出。目前，很多视频网站把视频转化成统一的 FLV 格式，再提供给用户在线观看。这种方式不提供下载地址，但可以通过各种工具进行下载。

3. 其他视频格式

（1）MP4 格式

用 MPEG-4 编码，适合所有手机，特别是带存储卡的手机，优点：图像清晰，文件大小适中。

（2）3GP 格式

适合所有手机，特别是内存小的手机。优点：文件小，但清晰度略差。

（3）AMV 格式

MP3 的视频格式，很多可以播放视频的 MP3 播放器，用的就是这种格式，与 MP4 的区别就像 VCD 和 DVD 的区别一样。

与音频类似，大多数视频是通过插件（比如 Flash）来显示的，如果浏览器中没有播放视频的插件就无法播放。HTML5 规定了一种通过 video 元素来包含视频的标准方法，可以不使用插件直接播放 Ogg、MP4、WebM 格式的视频。

1.3.5 动画

动画实质上是动态的图像。在网页中使用动画可以有效地吸引浏览者的注意。活动的对象比静止的对象更具有吸引力，因而，网页上通常有大量的动画。网页中使用较多的动画是 Flash 动画。

动画的功能是：提供信息、展示作品、装饰网页、动态交互。

Flash 是一种交互式矢量多媒体技术，是目前网上最流行的动画格式。Flash 的最新版本是 Flash 5.0。Internet 上现在已有成千上万个 Flash 站点，提供了大量的 Flash 动画、电影及其他素材。

Flash 是基于矢量的图形系统，只要用少量的矢量数据就可以描述一个复杂的对象，占用的存储空间很小，非常适合于 Internet 上的使用。矢量图像可以做到真正的无级放大而不失真。Flash 还提供了一些增强功能，以支持位图、声音、渐变等。

Flash 是 Macromedia 公司的产品，与 Dreamweaver 的协同非常好，在 Dreamweaver 中可以很容易将 Flash 动画插入到网页中。

但是，在 HTML5 中，不建议使用 Flash 对象，HTML5 和 JavaScript 的结合可以制作出非常精美的动画。从 Flash 全面转向 HTML5 是互联网进化的大趋势，谷歌一直在致力于推动这一革新。

1.3.6 超链接

超链接是 Web 网页的主要特色，是指从一个网页指向另一个目的端的链接。这个目的端通常是另一个网页，也可以是下列情况之一：相同网页上的不同位置、一个下载的文件、一幅图片、一个 E-mail 地址等。超链接可以是文本、按钮或图片，鼠标指针指向超链接位置时，会变成手形。

1.4　网页设计与制作方法

1.4.1　网页制作的基本方法

网页是网站的基本单位，虽然建立网站还需要其他的工作，但无疑网页制作是其中极为重要的一个环节。完成整个网站的网页制作工作要先经过规划和设计，再制作 HTML 文件。

在设计网站前，首先应该对自己的网页有一个整体的规划，建一个什么类型的网站，网站主色调使用哪种颜色，设计布局采用什么样的方式等都需要有一个很好的规划。

在制作网页之前要对网页的基本元素和布局等进行设计。可以在纸上画简单的草图，也可以使用 Visio 等画图软件制作草图。

然后使用设计工具对整个网站的页面进行统一的设计。

最后使用可视化网页编辑器或记事本等工具按照设计图制作网页，也就是编写 HTML 代码，并在网页中加入 JavaScript 代码实现必要的动态效果（只是动态效果，不是动态页面）。

1.4.2　网页设计与制作工具

网页设计与制作最常用到的软件是 Photoshop、Dreamweaver、Flash 等。

Photoshop 在网页设计中一般用来制作网页效果图和网页素材。做一个网站需要先把最终的效果图做出来，即网站用什么颜色，选用什么字体，如何排版布局，鼠标放上去有什么效果，素材如何处理，如何把不同的素材合成在一起，这些都要在 Photoshop 里完成。

此外还会涉及矢量图形的制作（如矢量图标等），需要用到 Illustrator、CorelDRAW 等工具。

以前常说的网页三剑客——Dreamweaver、Fireworks、Flash 中的 Fireworks，与 Photoshop 的功能类似，现在绝大多数网页设计师使用 Photoshop 设计网页，完全可以不用 Fireworks。

而 Flash 用来制作动画，可以丰富网页的效果，会比静态的显眼、生动。很多大品牌的活动专题、产品专题喜欢采用大量的 Flash 元素，更有些网站采用了 Flash 纯站。但 Flash 并不是一个网站的必要元素。

从设计图到网页代码的过程需要使用编辑器完成。随着 HTML 技术的不断发展，随之产生了很多网页编辑器，从网页编辑器基本性质可以分为所见即所得网页编辑器和纯文本编辑器，两者各有千秋。常见的可视化网页编辑器有 Dreamweaver、FrontPage（现在已经很少用）等，所见即所得网页编辑器的优点是具有直观性，使用方便，容易上手，尤其适合刚接触网页制作的新手，但是建议在网页制作过程中只把 Dreamweaver 当作辅助工具，网页制作者必须掌握扎实的 HTML 基础才能得心应手地编辑网页。纯文本编辑器是学习 HTML 的好方法，只使用 Windows 自带的记事本也可以编写 HTML 代码。或者使用 Sublime Text 或 EditPlus 等编辑软件同样可以编写 HTML 代码，优点是具有拼写检查、代码提示和高亮设置等功能。

1.5 浏览器的兼容性

所谓的浏览器兼容性问题，是指因为不同的浏览器对同一段代码有不同的解析，造成网页在各种浏览器上的显示效果可能不一致。在网站的设计和制作中，只有做好浏览器兼容，才能够让网站在不同的浏览器下都正常显示。而对于浏览器软件的开发和设计，浏览器对标准的更好兼容能够给用户更好的使用体验。

浏览器最重要或者说最核心的部分是 Rendering Engine，可以译为“渲染引擎”，或称之为“浏览器内核”。浏览器内核决定了浏览器如何显示网页的内容以及页面的格式信息。不同的浏览器内核对网页编写语法的解释也有不同，因此同一网页在不同内核的浏览器里的渲染（显示）效果也可能不同，这也是网页编写者需要在不同内核的浏览器中测试网页显示效果的原因。

因为不同浏览器使用内核及所支持的 HTML、CSS 标准不同，以及用户客户端的环境不同（如分辨率不同），致使显示不能达到理想效果。最常见的问题就是网页元素位置混乱、错位。

目前暂没有统一解决问题的方式，最普遍的解决办法就是不断的在各浏览器间调试网页显示效果，通过对 CSS 样式进行控制以及通过脚本判断并赋予不同浏览器的解析标准。较好的解决方法是在开发过程中使用当前比较流行的 JS、CSS 框架，除此之外，CSS 提供了很多 hack 接口可供使用，hack 既可以实现跨浏览器的兼容，也可以实现同一浏览器不同版本的兼容。

1.6 本章小结

在本章中，首先介绍了计算机网络基础知识。因特网和万维网是网站存在的基础，超文本标记语言是制作页面的标准语言。在万维网上，每一信息资源都有统一的且在网上唯一的地址，那就是统一资源定位符（URL），也就是我们常说的“网址”。在指向资源时，需要注意应该使用绝对 URL 还是相对 URL。超文本传输协议规定了浏览器和万维网服务器之间互相通信的规则，使得网络上的资源可以在客户机的浏览器上被获取到。浏览器用来显示网页内容，并允许用户与服务器端的应用进行交互。

然后介绍了网站和网页的相关概念，包括网站和网页的关系，以及如何规划网站的结构等内容。

还介绍了网页的基本元素，包括文本、图像、音频、视频、动画、超链接等，这些基本元素构成了网页。

最后，对网页设计与制作的基本方法做了概要介绍，使读者对网页制作的方法和工具有大体的了解，并提醒网页设计师注意在网页设计过程中浏览器的兼容性问题。

第 2 章　网站规划与页面布局

网页设计是根据网站所有者（企业、政府机关、个人等）希望向浏览者传递的信息（包括产品、服务、理念、文化），进行网站功能策划，然后进行的页面设计美化工作。作为对外提供宣传和服务的手段，精美、人性化的网页设计，既可以给用户带来网络生活上的便利，也能使用户得到美好的视觉体验，对于提升网站的互联网品牌形象至关重要。

网页设计的工作目标，是通过使用更合理的颜色、字体、图片、样式进行页面设计美化，在功能限定的情况下，尽可能给予用户完美的视觉体验。高级的网页设计甚至会考虑到通过声光交互等来实现更好的试听感受。

在本章中包含以下内容：

- 网页设计概述，包括网页设计的目标、流程等；
- 网站规划和设计中对网站风格的要求；
- 如何规划网站布局；
- 如何在网页中合理运用色彩；
- 个人网站的网站规划和设计实例。

2.1　网页设计概述

2.1.1　网页设计的目标

进行网页设计时，应以下面几点作为设计目标：

（1）业务逻辑清晰，能清楚的向浏览者传递信息，浏览者能方便地寻找到自己想要查看的东西。

（2）用户体验良好，用户在视觉上、操作上都能感到很舒适。

（3）页面设计精美，用户能得到美好的视觉体验，不会为一些糟糕的细节而感到不适。

（4）建站目标明晰，网页很好地实现了建站的目标，向用户传递了某种信息，或展示了产品、服务、理念、文化。

2.1.2　网站分类

根据网站的用途分类，可以将浩如烟海的网站分为以下几类：

1. 门户类功能型网站

以 google、百度为代表的一类新型网站。google 和百度的网站都是以搜索为核心业务，将一系列具有广泛需求的功能扩展放在其门户网站上，体系庞大，用户众多，信息量大。

2. 企业形象展示型网站

企业形象展示型网站要求展示企业综合实力，体现企业 CIS（企业形象识别系统）和品牌理念。企业品牌网站非常强调创意，对于美工设计要求较高，对网站内容组织策划、产品展示体验方面也有较高要求。网站利用多媒体交互技术、动态网页技术，针对目标客户进行内容建设，以达到品牌营销传播的目的。典型的例子如一些汽车企业的网站。

3. 新闻类网站

顾名思义，新闻类网站的主要内容是新闻，包括国家大型新闻门户（如新华网、人民网等），商业门户（网易、新浪等），地方新闻门户（大洋网等），还有各种行业门户网站。

4. 办公及政府机构网站

网上的政府信息具有规模大、信息量大、权威性强等特点。在设计上，往往要求庄重、体现权威性，随着设计理念的更新，更多的政务网站要求简洁明快，更具现代感。

5. 交易类网站

这类网站也称电子商务类网站，以实现交易为目的，以订单为中心。交易的对象可以是企业（B2B），也可以是消费者（B2C）。这类网站有三项基本内容：①商品如何展示；②订单如何生成；③订单如何执行。一般需要有产品管理、订购管理、订单管理、产品推荐、支付管理、收费管理、送发货管理、会员管理等基本系统功能。

6. 游戏和娱乐型网站

提供音乐、视频、游戏等娱乐项目的网站。典型的有百度 MP3、优酷等。

7. 社交网站

网站上通常有很多志趣相同并互相熟悉的用户群组。典型的有微博、人人网、开心网、QQ 空间等。

2.1.3 网页设计流程

任何一个网站的网页设计都应该按照以下流程进行，如图 2-1 所示。

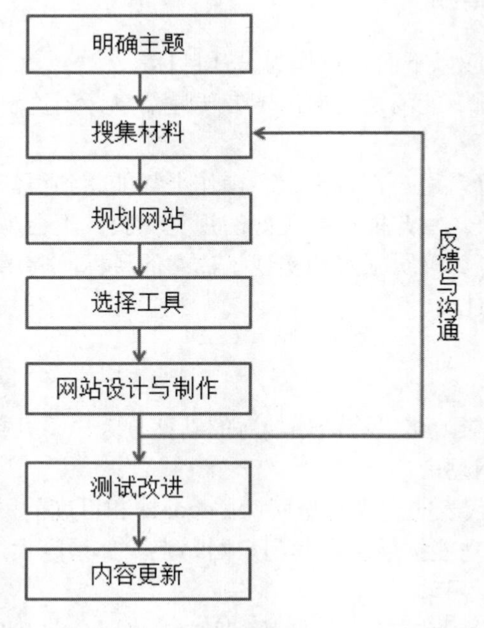

图 2-1 网页设计流程

1. 明确主题

在目标明确的基础上，完成网站的构思创意即总体方案设计。对网站的整体风格和特色作出定位，规划网站的组织结构。

Web 站点应针对所服务对象（机构或人）的不同而具有不同的形式。有些站点只提供简洁文本信息；有些则采用多媒体表现手法，提供华丽的图像、闪烁的灯光、复杂的页面布置，甚至可以下载声音和录像片段。好的 Web 站点总是把图形表现手法和有效的组织与通信结合起来。

为了做到主题鲜明突出、要点明确，应该使配色和图片围绕预定的主题，调动一切手段充分表现网站的个性和情趣，办出网站的特点。

充分利用已有信息，如客户手册、公共关系文档、技术手册和数据库等。

2. 搜集材料

明确网站主题以后，就要围绕主题开始搜集材料，并且对素材进行分类管理。在网站设计初期，就要规划创建文件夹用来进行素材的归类。材料总体上分为文本内容和多媒体素材，收集的文本素材既要丰富，又要便于有机地组织，这样才能做出内容丰富、整体感强的网站，而静态图片、动态图像、音像等多媒体素材能够使网页充满动感与生机，吸引更多的访问者。多媒体素材可以从 Internet 上获取，充分利用网上的共享资源（但一定要注意素材的版权问题），也可以利用现成图片或自己拍摄，自己制作视频等。

3. 规划网站

网站规划包含的内容很多，如网站的结构、栏目的设置、网站的风格、颜色的搭配、版面的布局、文字图片的运用等，只有在制作网页之前把这些方面都考虑到了，才能在制作时驾轻就熟，胸有成竹。也只有如此制作出来的网页才能有个性、有特色、有吸引力。

4. 选择工具

网页制作涉及的工具比较多。

首先是网页设计工具。要先做好网页的设计图，再根据设计图进行网页制作。

制作设计图一般使用 Photoshop，Photoshop 是目前公认的最好的通用平面美术设计软件，在几乎所有的广告、出版、软件公司，Photoshop 都是首选的平面制作工具，或者使用 Fireworks，Fireworks 是第一套专门为制作网页图形而设计的软件。

制作动画经常使用 Flash 软件，它是矢量图形编辑和动画创作的专业软件，常常用它将音乐、声效、动画以及富有新意的界面融合在一起，以制作出高品质的网页动态效果。

网页中用到的矢量图标则往往使用 Adobe Illustrator、CorelDRAW、Inkscape 等软件制作。

从设计图到网页的道路也就是编写 HTML 的过程，如果对 HTML 语言不熟悉，那么可以选择 Dreamweaver 来完成这份工作，因为 Dreamweaver 是所见即所得的 HTML 编辑软件，而对 HTML 语言非常熟悉的 Web 前端设计人员也常常直接使用文本编辑工具，如记事本或 EditPlus 等工具直接编写 HTML。

可以根据实际情况选择合适的工具。

5. 网站设计和制作

包括网站布局设计、色彩设计、形式和内容设计等。

网页设计作为一种视觉语言，特别讲究编排和布局，虽然主页的设计不等同于平面设计，但它们有许多相近之处。版式设计通过文字图形的空间组合，表达出和谐与美。

多页面站点对页面的编排设计要求把页面之间的有机联系反映出来，特别要求处理好页面之间和页面内的秩序与内容的关系。为了达到最佳的视觉表现效果，反复推敲整体布局的合理性，使浏览者有流畅的视觉体验。

色彩是艺术表现的要素之一。在网页设计中，设计师根据和谐、均衡和重点突出的原则，将不同的色彩进行组合、搭配来构成美丽的页面。根据色彩对人们心理的影响，合理地加以运用。如果企业有CIS，应按照其中的VI（Visual Identity，即企业VI视觉设计）进行色彩运用。

为了将丰富的意义和多样的形式组织成统一的页面结构，形式语言必须符合页面的内容，体现内容的丰富含义。

灵活运用对比与调和、对称与平衡、节奏与韵律以及留白等手段，通过空间、文字、图形之间的相互关系建立整体的均衡状态，产生和谐的美感。

网页设计中导航使用超文本链接或图片链接，使访问者能够在网站上自由前进或后退，而不必让他们使用浏览器上的前进或后退。尽量在所有的图片上使用“alt”标识符注明图片名称或解释，以便那些不愿意自动加载图片的观众能够了解图片的含义。

6. 反馈与沟通

作品的设计往往不可能一次就达到客户要求，在网站设计初步完成后，以及其后修改的各阶段，都要与客户反复进行沟通以便及时修正。

7. 测试改进

测试实际上是模拟用户询问网站的过程，用以发现问题并改进网页设计。应该与用户共同安排网站测试。

8. 内容更新

站点建立后，要不断更新网页内容。站点信息的不断更新，可以让浏览者了解企业的发展动态，同时也会帮助企业建立良好的形象。

2.2 网站风格

网站风格是指网站页面设计上的视觉元素组合在一起的整体形象，展现给人的直观感受。这个整体形象包括网站的配色、字体、页面布局、页面内容、交互性、海报、宣传语等因素。

在网页设计中，对网站风格的要求包括以下几方面：

2.2.1 保持页面风格的一致性

简单地说，就是布局井然有序，主页面、子页面有章可循，配色方案自成体系，交互方式统一协调，与内容深度联系。例如，在设计完成后，可以想一想，你的边距，各种元素的尺寸、大小是否设计一致？

在色彩的运用上，为保持整个网站的网页风格一致，强烈建议一个网站只采取一种主体色彩，然后采用几种与主体色彩相一致的辅助色彩。

保持页面结构的一致性，是保持网站整体风格一致性的主要手段。具体内容包括文章内容的排版、网站的具体布局、导航的统一、图片位置的统一等。

此外，各个页面中的交互性也应当保持一致。

2.2.2　协调运用颜色

不同的色彩给人不一样的感觉，比如红色系象征着激烈、兴奋，灰色系象征着平淡和低调。因此，旅游和园林类型的网站使用绿色系比较多，蓝色则被誉为是企业色，很多企业和政府机关都偏爱使用沉稳而大方的蓝色。

一个网站不可能单一地运用一种颜色，这会让人感觉单调、乏味，但也不可能将所有的颜色都运用到网站中，给人感觉轻浮、花哨。一个网站必须有一种或两种主题色，既不至于让客户迷失方向，也不至于单调、乏味。确定网站的主题色是设计者必须考虑的问题之一。

通常情况下，一个页面内尽量不要使用超过 4 种的色彩，太多的色彩容易让人感觉没有方向，没有侧重。当主题色确定好以后，考虑其他配色时，一定要考虑其他配色与主题色的关系，要体现什么样的效果；另外还要考虑哪种因素可能占主要地位，是明度、纯度还是色相。

2.2.3　均衡分割版式

不同的网站有不同的版式风格，网站又有上下布局、左右布局，每一种布局都可以创造出很多种风格。如果你需要设计一个科技性的网站，可以选择严谨的风格；如果是一个宠物、婴儿类网站，版式就可以偏可爱、轻松的风格。

风格确定后，还要考虑网站上需要放的内容，版块与版块之间的联系与影响，让整个网站内容处于一种和谐的状态，不会显得突兀。

在网页设计中，页面因为内容元素的需要被分割成很多区块，区块之间的均衡就是版式设计上需要着重考虑的问题。均衡并非简单理性的等量不等形的计算，一幅好的、均衡的网页版面设计，是布局、重心、对比等多种形式原理创造性全面应用的结果，是对设计师的艺术修养、艺术感受力的一种检验。

2.2.4　适当选择线条和形状

文本、标题、图片等的组合，会在页面上形成各种各样的线条和形状。这些线条和形状的组合构成了网页的总体艺术效果。适当地搭配线条和形状，可以丰富页面的表现形式，使页面更加吸引人。

大多数页面都采用了横向和竖向的直线，但有时打破传统布局，创造动态的自由视感，让构成更加复杂，可以使设计更具吸引力。

直线（矩形）的应用：直线条的艺术效果是流畅、挺拔、规矩、整齐的，也就是所谓的有轮有廓。直线和矩形在页面上的重复组合可以呈现井井有条、泾渭分明的视觉效果。一般应用于比较庄重、严肃的主页题材。

曲线（弧形）的应用：曲线的效果是流动、活跃，具有动感的，曲线和弧形在页面上的重复组合可以呈现流畅、轻快、富有活力的视觉效果。一般应用于青春、活泼的主页题材。

曲、直线（矩形、弧形）的综合应用：把以上两种线条和形状结合起来运用，可以大大丰富主页的表现力，使页面呈现更加丰富多彩的艺术效果。这种形式的主页，适应的范围更大，各种主题的主页都可以应用。但是，在页面的编排处理上，难度也会相应大一些，处理得不好会产生凌乱的效果。

最简单的途径是，在一个页面上以一种线条（形状）为主，只在局部的范围内适当用一些其他线条（形状）。

几个使用斜线的优秀网站示例，如图 2-2、图 2-3 所示。

Impero：http://weareimpero.com/

图 2-2 使用斜线的网站

Timberline Tours：http://timberlinetours.com/

图 2-3 使用斜线的网站

2.2.5 选择合适的字体

一个非创意性质的网页，最重要的内容就是文字，有文字就会出现文字排版、字体选择、字体颜色大小粗细等细节。这些细节往往是非常重要的部分。

在字体选择方面，不需要太过于华丽的字体，先确定网页中需要用到的字体，然后确定属于哪个字体系列，有无其他的相近字体以及衍生字体，然后编写字体属性。顺序如下：最想用的字体→可以代替的相近字体→相近通用字体。

在字体大小选择方面，考虑用户的实际使用习惯，以及所使用的设备，例如在 PC 上和在手机上差别是很大的。另外就是尽量选择偶数大小的字体。

在字体颜色选择方面，要考虑与网页主体颜色的协调，字体的颜色要朴素、正常，字体颜色要与背景有一定的对比度，并且避免使用特殊颜色（例如链接的默认颜色）。

2.2.6　适当美化和去除冗余

在必要的元素都设计完成之后，回顾整个页面，根据整站的风格需要，也许你会觉得设计得过于复杂了，或者是设计得不够完美，不能突出想要的风格。这个时候就需要适当调整对页面的美化控制。

简洁的往往是美的，而美的东西不一定简洁。尤其在网页设计上，对于内容很多的门户网站，任何多余的修饰都会加重浏览者眼睛的负担，所以常看到门户网站的设计往往特别简单；而某些专业型网站，就首页来说确实没有什么东西可以展示，那么则需要刻意增加一些点缀而使其不显得特别空洞。当然，这个并无定规，针对行业不同或者突发性事件，适当地对设计进行调整也能够达到很好的效果。

2.3　网页布局

网页是网站构成的基本元素。网页的精彩除了取决于色彩的搭配、文字的变化、图片的处理等，还有一个非常重要的因素——网页的布局。常见的网页布局有以下几种：

1. “国”字型

也可以称为“同”字型，是一些大型网站所喜欢的类型，即最上面是网站的标题以及横幅广告条，接下来是网站的主要内容，左右分列一些小条内容，中间是主要部分，与左右一起罗列到底，最下面是网站的一些基本信息、联系方式、版权声明等。这是最常见的结构类型。

2. 拐角型

这种结构与上一种只是形式上的区别，其实很相近，上面是标题及广告横幅，接下来的左侧是一窄列链接（一般是侧边导航）等，右列是很宽的正文，下面也是网站的一些辅助信息。

3. 标题正文型

这种类型最上面是标题或类似的内容，下面是正文，如一些文章页面或注册页面等就是这种类型。

4. 封面型

这种类型用于某些网站的首页，大部分为一些精美的平面设计结合一些小的动画，放上几个简单的链接或仅是一个“进入”的链接，甚至直接在首页的图片上做链接而没有任何提示。这种类型大部分应用于企业网站和个人主页，如果设计合理，会给人带来赏心悦目的感受。

5. “T”结构布局

所谓“T”结构布局，就是指网页上边和左边相结合，页面顶部为横条网站标志和广告条，左下方为主菜单，右面显示内容，这是网页设计中用得最广泛的一种布局方式。在实际设计中还可以改变“T”结构布局的形式，如左右两栏式布局，一半是正文，另一半是形象的图片、导航；或正文不等两栏式布置，通过背景色区分，分别放置图片和文字等。

这样的布局有其固有的优点，因为人的注意力主要在右下角，所以企业想要发布给用户的信息，大都能被用户以最大可能性获取，而且很方便；其次是页面结构清晰，主次分明，易于使用。缺点是规矩呆板，如果细节色彩上不注意，很容易让人“看之无味”。

6. “口”型布局

这是一个形象的说法，指页面上下各有一个广告条，左边是主菜单，右边是友情链接等，中间是主要内容。

这种布局的优点是页面充实、内容丰富、信息量大，是综合性网站常用的版式，特别之处是顶部中央的一排小图标起到了活跃气氛的作用。缺点是页面拥挤，不够灵活。也有将四边空出，只用中间的窗口型设计，例如网易壁纸站使用多帧形式，只有页面中央部分可以滚动，界面类似游戏界面。使用此类版式的有多维游戏娱乐性网站。

7. “三”型布局

这种布局多用于国外网站，国内用得不多。其特点是页面上横向两条色块，将页面整体分割为 4 个部分，色块中大多放广告条。

8. 对称对比布局

顾名思义，它指采取左右或者上下对称的布局，一半深色，一半浅色，一般用于设计型网站。其优点是视觉冲击力强，缺点是将两部分有机结合比较困难。

9. POP 布局

POP 源自广告术语，指页面布局像一张宣传海报，以一张精美图片作为页面的设计中心。常用于时尚类网站，优点显而易见：漂亮吸引人。缺点是速度较慢。

2.4 网页色彩运用

色彩的使用在设计中起着非常关键的作用，成功的色彩搭配设计常令人过目不忘。色彩既能影响人的视觉，也能影响人的心理。网页设计人员在设计网页时要注意合理的运用对比及调和的配色方法。从美学的角度设计出既能表现出网页主体，又能吸引浏览者注意的网页。色彩总的应用原则应该是“总体协调，局部对比”：主页的整体色彩效果应该是协调的，只有局部的、小范围的地方可以采用一些强烈的色彩对比。

2.4.1 色彩基本理论

色彩搭配既是一项技术性工作，也是一项艺术性很强的工作。因此，在设计网页时除了考虑网站本身的特点外，还要遵循一定的艺术规律，掌握基本的用色原理非常必要。

1. 色轮的主要组成

所有的色彩能在一个色轮（图 2-4）中呈现，色轮也称色相环。在这个色轮中，可以把颜色分成 3 大块：原色、辅助色和第三颜色。三原色分别是红色、蓝色和黄色，是基础色，组成了色轮上的所有其他颜色。把原色混合在一起，能得到辅助色：橙色、绿色和紫色。

在将三原色转换为 Web 颜色时，一般将它们表示为十六进制的颜色代码，分别为#FF0000、#FFFF00 和#0033CC。

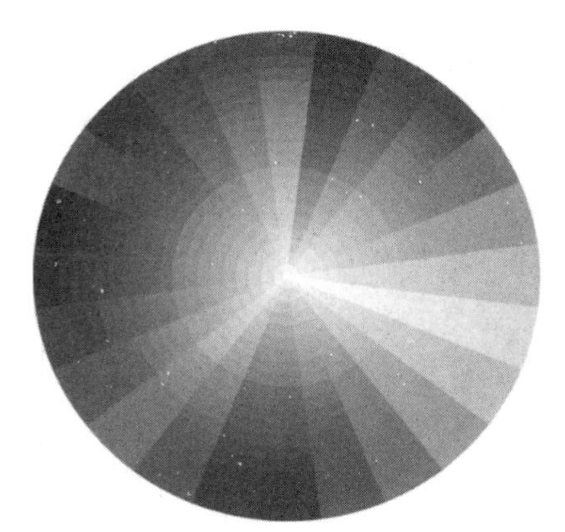

图 2-4　色轮

在计算机术语中，三原色光模式（英语：RGB color model）又称 RGB 颜色模型或红绿蓝颜色模型，是一种加色模型，将红（Red）、绿（Green）、蓝（Blue）三原色的色光以不同的比例相加，以产生多种多样的色光。RGB 颜色模型运用在电视、电脑屏幕和任何类型的屏幕上。R、G、B 表示为十六进制的颜色代码分别是#FF0000、#00FF00、#0000FF。

2. 颜色的关系

互补色：互补色是互补互调的色彩，它们坐落在色轮上对立的位置。比如蓝色和橙色、紫色和黄色，以及红色和绿色都是互补色。

邻色：邻色是色轮上相毗邻的色彩，所以当邻色一起用时，可以是很好的搭配，但不会有明显的对比。

第三颜色：第三颜色由中间色组成，例如黄绿色和蓝绿色，即由一个原色和一个辅助色混合组成。

3. 色彩三属性

（1）色相

色相，是指色光由于光波长、频率的不同而形成的特定色彩性质，也有人把它叫做色别、色质、色调等。按照太阳光谱的次序把色相排列在一个圆环上，并使其首尾衔接，就称为色相环，再按照相等的色彩差别分为若干主要色相，这就是红、橙、黄、绿、青、紫等主要色相。

（2）明度

明度是指物体反射出来的光波数量的多少，即光波的强度，它决定了颜色的深浅程度。某一色相的颜色，由于反射同一波长光波的数量不同而产生明度差别，例如粉红反射光波较多，其亮度接近浅灰的程度，而大红反射的光波量较少，其亮度接近深灰的明度，它们的色相相同，明度却不同。这里还有一个因素影响色彩亮度，人类的正常视觉对不同色光的敏感程度是不一致的，人们对黄、橙黄、绿色的敏感程度高，所以感觉这些颜色较亮，对蓝、紫、红色的敏感度低，所以觉得这些颜色比较暗。人们通常把从白到灰再到黑的颜色划成若干明度不同的接替，作为比较其他各种颜色亮度的标准明度色阶。

（3）纯度

纯度是指物体反射光波频率的纯净程度，单一或混杂的频率决定所产生颜色的鲜明程度，也常被称为饱和度、色度，这些词的含义是一样的。单一频率的色光纯度最高，随着其他频率色光的混杂或增加，纯度也随之减低。物体色越接近光谱中红、橙、黄、绿、青、蓝、紫系列中的某一色相，纯度越高；相反的，颜色纯度越低时，越接近黑、白、灰这些无彩色系列的颜色。

2.4.2 色彩的情感

色彩群体是和情感联系在一起的，比如温暖、冷静和中立的情感。

暖色能让人感觉到温暖，例如红色、黄色和橙色。

冷色让人联想到凉爽和寒冷，例如蓝色、绿色和紫色。

中性色，顾名思义，并不创造怎样的情感，像灰色和棕色就是中性色。

了解色彩这些方面的知识可以帮助一个设计师在设计网页时不用文字就能表达特定含义和特定情感，并彰显优势。

暖色能带来阳光明媚的情绪，适合用在希望带来幸福快乐感觉的网站上。

冷色最好是用在想要表达出专业或整洁感觉的网站上，以呈现出一个冷静的企业形象。例如，冷静的蓝色常用在许多银行的网站上。

不同的颜色往往体现着不同的情绪。例如：

红色象征着火和力量，还与激情和重要性联系在一起。它还有助于激发能量和提起兴趣，负面内涵是愤怒、危急和生气。

橙色是色轮上红、黄两个邻色的组合色。橙色象征着幸福、快乐和阳光。橙色没有红色那么积极，但是它也有一部分这样的特质，刺激着心理活动。它也象征着愚昧和欺骗。

明亮的黄色是一种幸福的颜色，代表着积极黄色特质：喜悦、智慧、光明、能量、乐观和幸福。一个昏暗的黄色则带来负面的感受：警告、批评、懒惰和嫉妒。

绿色象征着自然，并且有一种治愈性的特质。它可以用来象征成长与和谐。绿色让人感到安全，可以用在与医院相关的情境中。另一方面，绿色也是金钱的象征，表达着贪婪或嫉妒。它也可以被用来象征缺乏经验或初学者需要成长。

蓝色是一个和平、平静的颜色，散发着稳定和专业性，因此它普遍运用于企业网站。蓝也可以象征信任和可靠性，因此也常用于政府网站。而一个冷调的阴影能带来蓝色消极的一面，象征着抑郁、冷漠和被动。

紫色是皇室和有教养的颜色，代表着财富和奢侈品。它也赋予了灵性的感觉，并鼓舞创造力。较浅的紫色可以散发出一种神奇的感觉。它能很好地提升创造力和表达女性特质，常用于女性购物或奢侈品设计中。较深的紫色可以呈现出沮丧和悲伤的情绪。

黑色往往与权力、优雅、精致和深度联系在一起，以黑色为主色调的网站有突出的设计感，但难掌握。黑色也可以被看作是负面的，因为它与死亡、神秘和未知联系在一起。这是悲伤、悼念和悲哀的颜色，因此在运用时必须明智选择。

白色象征纯洁和天真，还传达着干净和安全，白色有着最佳的对比度和可读性。白色还可以被认为是寒冷和遥远的象征，代表着冬天的严酷和痛苦的特质。

2.4.3 色彩选择技巧

在网页设计中，选择色彩组合方法有多种，常用的有单色配色法、色彩补充法、三色组合法、四色组合法等。

2.5　综合应用

在本节中，以一个个人网站的设计为例来说明网站规划的过程。

第一步，明确主题。个人网站必须要有一个明确的主题，尤其是对于个人网站，不可能像综合网站那样做的内容大而全，包罗万象，所以必须要找准一个自己最感兴趣的内容做深做透，办出自己的特色。总的来说个人网站的主题无定则，只要是个人感兴趣的，任何内容都可以，但主题要鲜明，在自己主题范围内的内容做到精而深。

例如，本书中个人网站的内容主要是针对网页设计的知识，包括：首页、文章、图库、视频、个人简介、留言、友情链接等。

- 文章：是自己撰写的或转发的有关网页设计的文章。
- 图库：网页设计的素材图片。
- 视频：网上搜集的网页设计类视频。
- 个人简介：关于自己的一些介绍。
- 留言：喜欢本网站或者有什么建议，可以留言。
- 友情链接：一些常用网页设计网站的链接。

第二步，搜集、整理材料。这个示例网站的大部分资料来源于网络，有一些素材来自于自己拍摄的照片或自己处理的图片素材。新建一个文件夹，命名为“网站资源”，在该文件夹下再新建三个子文件夹，分别为“文本”“图片”和“视频”，将搜集到的材料分类后放在三个子文件中。

第三步，规划网站。网站的规划涉及到网站的结构、网站的风格、栏目设置、颜色搭配、版面布局、文字图片的运用等。

- 网站的结构：也就是网页之间的层次关系。这个网站是个小型的专题网站，可以选用比较简单的结构——按照文件类型组织网站的结构，网站的结构层次如图 2-5 所示。

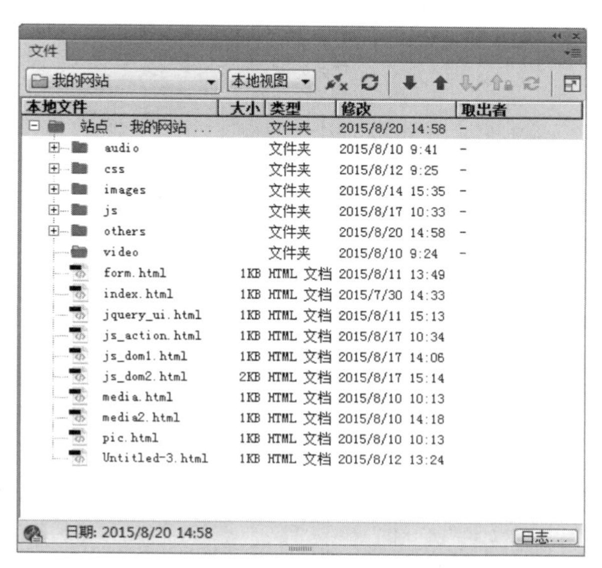

图 2-5　网站的结构

- 网站的风格：采用简洁的风格，线条和形状选择上尽量选用水平和垂直的线条；配色以蓝色、白色和浅灰色为主，利用一些颜色鲜艳的按钮等小元素起到突出、点缀的效果；文字字体选用网页常用的“微软雅黑”字体，正文文字正常大小，文字颜色选用与蓝色、白色等背景色对比较大的颜色，如黑色、深灰色等。
- 栏目设置：按照网站的内容规划，在导航栏中设置首页、文章、图库、视频、个人简介、留言、友情链接等栏目。
- 版面布局：初步选定采用“国”字形布局和拐角型布局为主，以文章页面为例，采用拐角型布局，如图 2-6 所示。

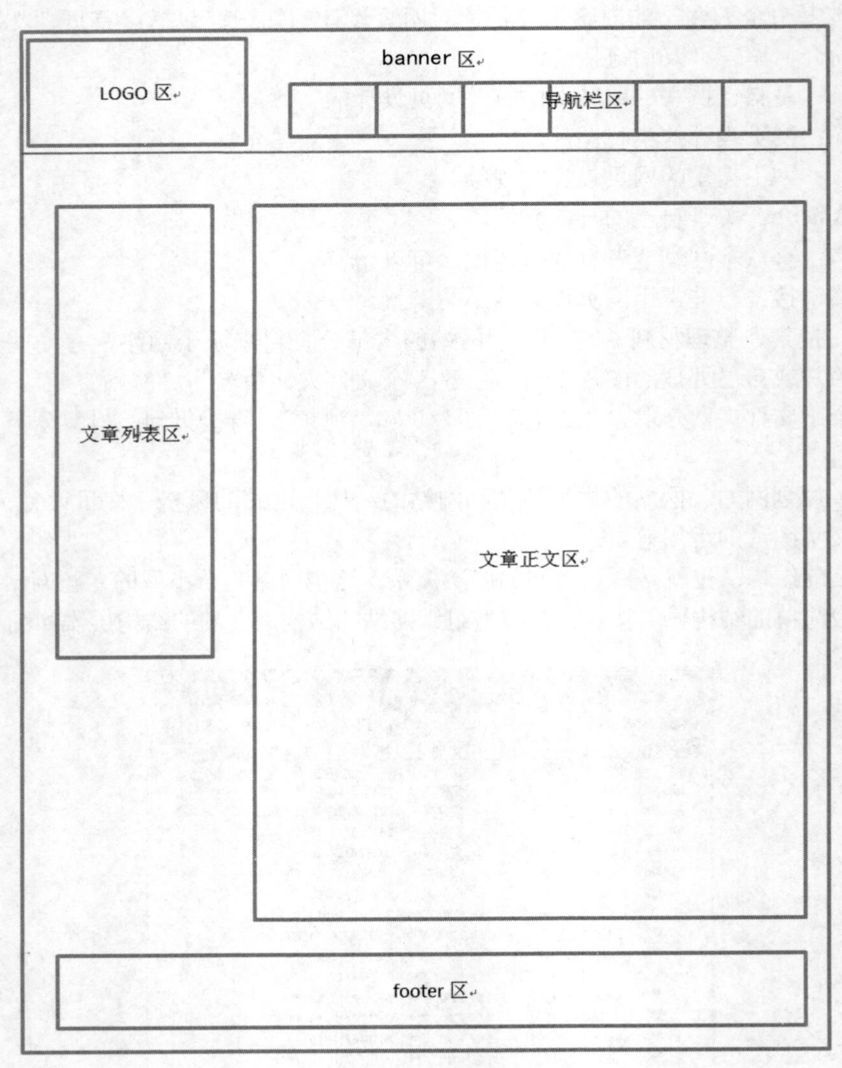

图 2-6 网页布局

第四步，选择工具。网页效果图设计和素材设计使用 Photoshop，网页制作使用 Dreamweaver。

第五步，网页设计与制作。至此，可以正式开始网页的设计与制作工作了。

2.6　本章小结

本章介绍了网站规划与页面布局的相关知识。

首先介绍了网页设计的基本知识，包括网页设计的目标、网站的分类、网页设计流程等内容。掌握并运用这些知识，才能为合理规划一个网站打下良好的基础。

接着介绍了在网页设计中对网站风格的要求以及在设计中如何考虑这些要求，包括保持页面风格的一致性，协调运用颜色，均衡分割版式，适当选择线条和形状，选择合适的字体，以及适当美化和去除冗余等。

然后介绍了常见的网页布局。

此外，还详细介绍了网页的色彩运用，如色彩基本理论、色彩的情感以及在网页中的体现等。

最后，以一个个人网站的网页设计流程为例展示了如何从头开始设计制作网站的页面。

第 3 章　网页设计工具——Photoshop

Photoshop 是进行网页设计必不可少的工具。无论是设计高质量的效果图，还是制作精美的网页素材，都离不开 Photoshop。在设计网页时，建议先使用 Photoshop 做出效果图给用户审阅，满意后再做成 HTML 页面，这样可以避免在代码上多次修改，提高前端开发的效率。

本章将介绍如何应用 Photoshop 进行网页的设计。Photoshop 知识非常庞杂，本章仅介绍 Photoshop 的基础知识，以及 Photoshop 在网页设计中的常见应用，通过大量的实例使读者掌握 Photoshop 在网页设计中的实际使用。如需进行更深入的学习，请参考 Photoshop 的其他教程。

本书以 Photoshop CC 2014 作为实例讲解的工具，若使用 Photoshop 的其他版本，操作上可能会略有不同。

本章的内容包括：

- Photoshop 简介，包括 Photoshop 的功能、Photoshop 的工作界面、Photoshop CC 2014 的新特性等；
- Photoshop 的文件操作，包括新建图像、打开图像、保存图像等；
- Photoshop 工具面板的使用，包括基本用法和一些使用实例；
- Photoshop 控制面板的介绍；
- 图层的知识，包括图层的基本概念、图层的种类、Photoshop 图层面板的应用和常用的图层操作等内容；
- 一些其他常用操作，如旋转和变换、标尺和参考线、图像调整、滤镜等；
- 一个实例：按照上一章的思路设计出一个文章页面的网页效果图。

3.1　Photoshop 简介

Adobe Photoshop 简称“PS”，是由 Adobe Systems 公司开发和发行的图像处理软件。

Photoshop 主要处理由像素构成的数字图像。使用其众多的编修与绘图工具，可以有效地进行图片编辑工作。Photoshop 有很多功能，在图像、图形、文字、视频、出版等各方面都有涉及，是进行网页设计的利器。

2003 年，Adobe Photoshop 8 被更名为 Adobe Photoshop CS。2013 年 7 月，Adobe 公司推出了最新版本的 Photoshop CC，自此，Photoshop CS6 作为 Adobe CS 系列的最后一个版本被新的 CC 系列取代。

3.1.1　Photoshop CC 2014 工作界面

启动 Photoshop，进入 Photoshop 的工作界面，如图 3-1 所示，工作界面由以下几部分组成：

1. 菜单栏

包括文件、编辑、图像、文字、选择、滤镜、3D、视图、窗口、帮助等基本操作选项，如图 3-2 所示。

图 3-1 Photoshop CC 2014 工作界面

Ps 文件(F) 编辑(E) 图像(I) 图层(L) 文字(Y) 选择(S) 滤镜(T) 3D(D) 视图(V) 窗口(W) 帮助(H)

图 3-2 菜单栏

（1）“文件”菜单：用于对文件进行新建、打开、存储、加载和打印等，与其他软件的“文件”菜单功能类似。其中比较有特色的是“存储为 Web 所用格式”，当选择这个命令保存图像时，Photoshop 会为网页优化图片。此外，“文件”菜单中还提供了“打开为智能对象”“置入嵌入的智能对象”等针对智能对象的操作。

（2）“编辑”菜单：用于对文件或者文件中的元素进行编辑，如复制、粘贴、撤销等基本命令，也提供了一些异于其他软件的功能，如填充、描边、变形和缩放、定义画笔和图案等。此外，“编辑”菜单中包含“首选项”命令（图 3-3），在“首选项”对话框中，可以设置 Photoshop 的一些选项，例如，标尺的单位默认为“厘米”，可以将其设置为“像素”，如图 3-4 所示。

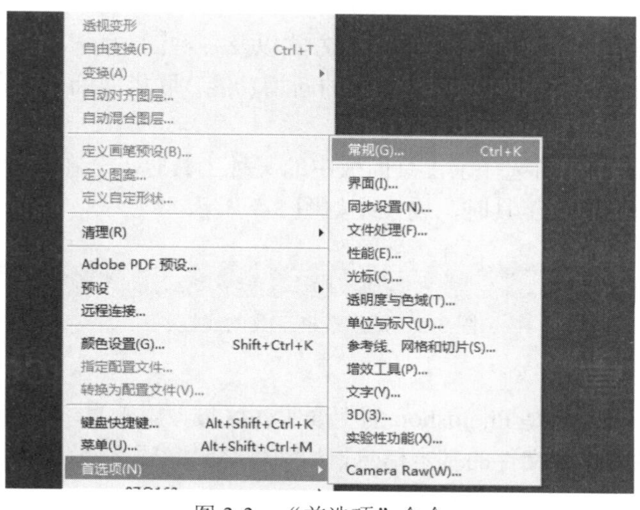

图 3-3 “首选项”命令

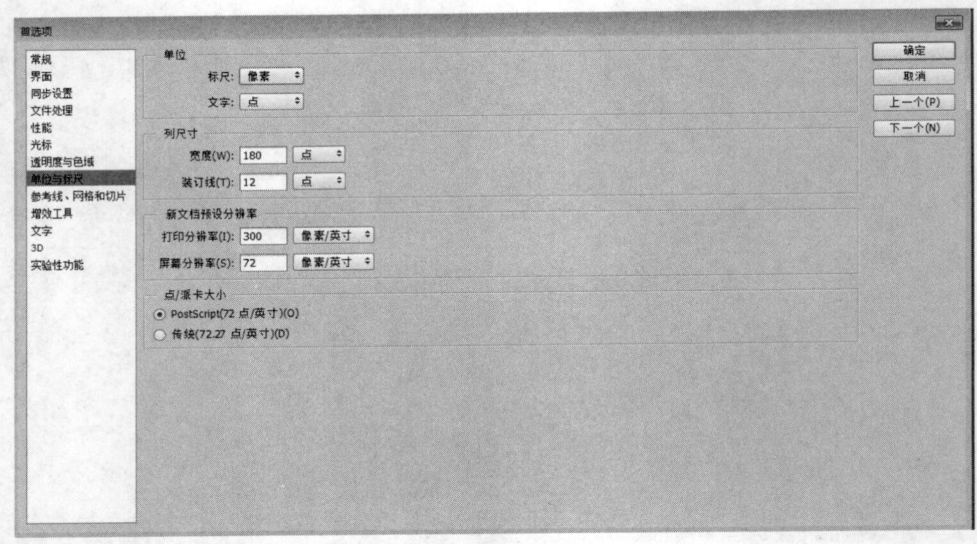

图 3-4　改变标尺的单位

（3）“图像”菜单：主要是对图片的大小、颜色、明暗关系和色彩饱和度等进行调整，是实际操作中最为常用的菜单之一。

（4）“图层”菜单：实现对图层的大部分操作功能，如新建、复制、设置图层样式、蒙版、图层编组、分布、对齐、合并等。

（5）“文字”菜单：包括文字编辑、文字面板、文字变形、栅格化文字图形等多种对文字的操作。

（6）“选择”菜单：针对选区进行各种编辑，如创建、修改或存储选区等操作。

（7）“滤镜”菜单：所有 Photoshop 滤镜都分类放置在“滤镜”菜单中，包括液化、风格化、模糊、锐化、扭曲、渲染、杂色等各种滤镜。

（8）“3D”菜单：可以实现对 3D 对象的大部分操作。

（9）“视图”菜单：包括对工作区的缩放、是否显示标尺、对齐、设置参考线、锁定切片等各种操作。

（10）“窗口”菜单：设置工作区的显示方式以及各种活动面板是否显示。

（11）“帮助”菜单：包括当前软件版本的新增功能、联机帮助、版本信息等方面的命令。

2. 属性栏

或称为“工具选项”。当选择了工具面板中的某种工具时，会在属性栏中显示该工具的相关属性。例如选择矩形选框工具时，属性栏如图 3-5 所示。

图 3-5　矩形选框工具的属性栏

3. 工作区

中间区域是工作区，它是 Photoshop 的主要工作区域，用于显示图像文件。图像窗口带有自己的标题栏，提供了打开文件的基本信息，如文件名、缩放比例、颜色模式等。若同时打开两幅图像，可通过单击图像窗口进行切换。

4. 工具面板

左边是工具面板，列出了 Photoshop 的基本工具。启动 Photoshop 时，工具面板将显示在屏幕左侧。工具面板中的某些工具会在上下文相关选项栏中提供一些选项，也可以展开某些工具以查看它们后面的隐藏工具，工具图标右下角的小三角形表示存在隐藏工具。将指针放在工具上，便可以查看有关该工具的信息。工具的名称将出现在指针下面的工具提示中。

5. 控制面板

右边是一些控制面板，包括图层、历史记录等。所有面板都可以最小化或关闭。单击菜单栏上的“窗口”，所列出的就是控制面板的内容。通过勾选或取消勾选可以显示或隐藏面板。拖动面板可以使面板停靠在界面中的任何位置。

3.1.2 Photoshop CC 2014 新特性

相较于之前的版本，Photoshop CC 2014 在功能上更加强大高效，可极大地丰富用户数字图像处理体验。Photoshop CC 2014 新增功能和主要更改有以下几点：

- 智能参考线
- 链接智能对象的改进
- 智能对象中的图层复合
- 使用 Typekit 中的字体
- 搜索字体
- 模糊画廊运动效果
- 选择位于焦点中的图像区域
- 带有颜色混合的内容识别功能
- Photoshop 生成器的增强
- 3D 打印
- 启用实验性功能
- 同步设置改进
- 3D 图像处理
- 导出颜色查找表

3.2 Photoshop 文件操作

3.2.1 新建图像

在 Photoshop 中单击菜单栏中的“文件”→“新建”，打开“新建”对话框，如图 3-6 所示。依次设置名称、宽度、高度、分辨率、颜色模式等选项内容，单击“确定”按钮，可以建立一个新文档。在设置过程中，要注意以下几点：

（1）设置宽度、高度时注意选择正确的单位（像素、英寸、厘米、毫米、点、派卡和列），避免出现将 400 像素设成 400 厘米的情况。

（2）分辨率的设置。分辨率越大，则图像文件越大，图像越清楚，但存储时占的硬盘空间也越大，用作网页资源时打开得也越慢。

（3）背景内容的设置。可以将背景内容设为白色、透明、背景色或其他，其中透明背景图像经常用于 Web 页。

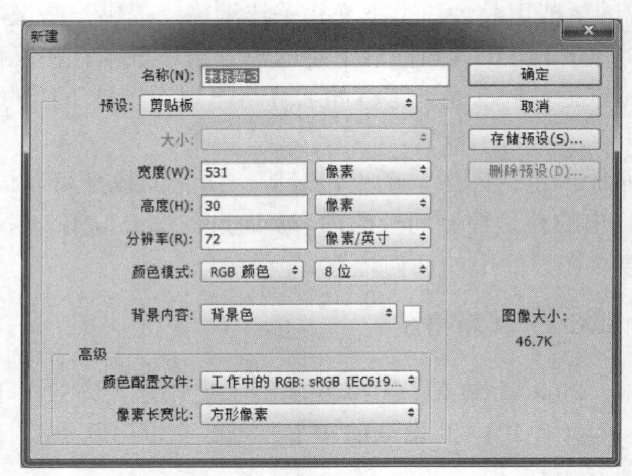

图 3-6 “新建”对话框

3.2.2 打开图像

在 Photoshop 中单击菜单栏中的“文件”→“打开”，或在没有文档打开的情况下双击工作区空白部分，或按下快捷键 Ctrl+O，都可以打开“打开”对话框，在其中选择文件打开即可。

3.2.3 保存图像

在 Photoshop 中单击菜单栏中的“文件”→“存储”，或者按 Ctrl+S 组合键即可保存图像，Photoshop 的默认格式为 PSD。

有时非常需要保存为其他格式的图像，可以单击菜单栏中的“文件”→“存储为”，在打开的“另存为”对话框的“保存类型”中选择相应的文件格式即可。Web 页中常用到 PNG 等类型的图像。

3.3 Photoshop 工具面板

3.3.1 工具面板的基本用法

Photoshop 工具面板中的工具可以分为若干组，例如选择工具、裁剪和切片工具、测量与注释工具、修饰工具、绘画工具、文字和图形工具、导航工具等，如图 3-7 所示。

有些工具所在位置的右下角有一个很小的箭头，表明有多个工具共享此位置，将鼠标指针移动到此工具的位置并且按住鼠标不放，可以显示该位置上的所有工具。例如，将鼠标放在选框工具上，按住鼠标左键，将出现所有选框工具，包括矩形选框工具、椭圆选框工具、单行选框工具、单列选框工具，如图 3-8 所示。单击此工具即可选择它。当松开鼠标以后，该工具就会出现在工具箱上。

A: 选择工具
选框工具可建立矩形、椭圆、单行和单列选区。
移动工具可移动选区、图层和参考线。
套索工具可建立手绘图、多边形（直边）和磁性（紧贴）选区。
快速选择工具可使用可调整的圆形画笔笔尖快速“绘制”选区。
魔棒工具可选择着色相近的区域。

B: 裁剪和切片工具
裁剪工具可裁切图像。
切片工具可创建切片。
切片选择工具可选择切片。

C: 测量与注释工具
吸管工具可提取图像的色样。
颜色取样器工具最多显示四个区域的颜色值。
标尺工具可测量距离、位置和角度。
注释工具可为图像添加注释。
计数工具可统计图像中对象的个数。

D: 修饰工具
污点修复画笔工具可移去污点和对象。
修复画笔工具可利用样本或图案修复图像中不理想的部分。
修补工具可利用样本或图案修复所选图像区域中不理想的部分。
红眼工具可移去由闪光灯导致的红色反光。
仿制图章工具可利用图像的样本来绘画。
图案图章工具可使用图像的一部分作为图案来绘画。
橡皮擦工具可抹除像素并将图像的局部恢复到以前存储的状态。
背景橡皮擦工具可通过拖动将区域擦抹为透明区域。
魔术橡皮擦工具只需单击一次即可将纯色区域擦抹为透明区域。
模糊工具可对图像中的硬边缘进行模糊处理。
锐化工具可锐化图像中的柔边缘。
涂抹工具可涂抹图像中的数据。
减淡工具可使图像中的区域变亮。
加深工具可使图像中的区域变暗。
海绵工具可更改区域的颜色饱和度。

E: 绘画工具
画笔工具可绘制画笔描边。
铅笔工具可绘制硬边描边。
颜色替换工具可将选定颜色替换为新颜色。
混合器画笔工具可模拟真实的绘画技术（例如混合画布颜色和使用不同的绘画湿度）。
历史记录画笔工具可将选定状态或快照的副本绘制到当前图像窗口中。
历史记录艺术画笔工具可使用选定状态或快照，采用模拟不同绘画风格的风格化描边进行绘画。
渐变工具可创建直线形、放射形、斜角形、反射形和菱形的颜色混合效果。

F: 文字和图形工具
路径选择工具可建立显示锚点、方向线和方向点的形状或线段选区。
文字工具可在图像上创建文字。
文字蒙版工具可创建文字形状的选区。
钢笔工具可让您绘制边缘平滑的路径。
形状工具和直线工具可在正常图层或形状图层中绘制形状和直线。
自定形状工具可创建从自定形状列表中选择的自定形状。

G: 导航工具
抓手工具可在图像窗口内移动图像。
旋转视图工具可在不破坏原图像的前提下旋转画布。
缩放工具可放大和缩小图像的视图。

图 3-7　工具面板中各工具的用法

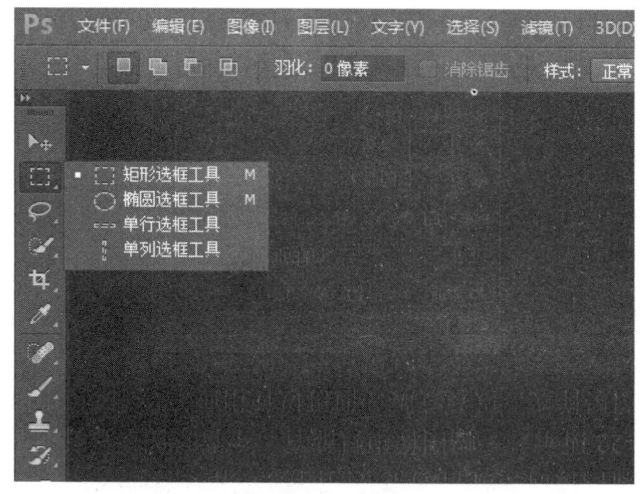

图 3-8　选框工具

工具面板常与工具选项栏一同使用。在选择某种工具时，在工具选项栏会出现与此工具对应的选项栏，在选项栏中可对工具进行进一步的设置。

3.3.2 工具面板的使用实例

例 3-1 选框工具的使用实例——选区叠加

任意打开一幅图像，在工具面板中单击按钮，选择矩形选框工具（按 Shift+M 快捷键可在矩形选框和椭圆选框间切换）。在图像上直接拖动操作即可选择一个区域，按 Shift 键可以画正方形或正圆，按 Alt 键可以从中心点绘制矩形或者圆。

例如，选择椭圆选框工具，先在图像上选择一个椭圆区域，如图 3-9 所示。

图 3-9 椭圆选区

在选框工具中选择矩形选框工具，然后在工具选项栏中选择“（添加到选区）”，如图 3-10 所示。

图 3-10 矩形选框工具的选项栏

在图像上选择一个矩形区域，并且使这个矩形区域与之前的椭圆选区有交叉，则选区变为椭圆和矩形的合并区域，如图 3-11 所示。

图 3-11 最终的选区

此外，还可以选择“从选区减去”和“与选区交叉”，会形成不同的选区。

例 3-2　魔棒工具的使用实例——抠图

打开“郁金香.jpg”，在工具面板中选择“魔棒工具”，在图像的蓝色背景区域单击，即可选中一部分蓝色区域，如图 3-12 所示。

图 3-12　使用魔棒工具选择

按 Delete 键删除选中的背景。重复执行选择和删除的操作，直至把蓝色背景部分全部删除，如图 3-13 所示。这样就完成了去除背景的操作。

图 3-13　处理后的结果

从本例可以看出，使用魔棒工具选取范围非常便捷，尤其适用于色彩和色调不是很丰富，或者仅含有某几种颜色的图像。魔棒工具常配合选框工具和选取范围反转命令一起使用，效果更佳。

例 3-3　加深工具的使用实例

打开“郁金香.jpg”，在工具面板中选择“加深工具”，在工具选项中将画笔大小选为“100 像素”，如图 3-14 所示。

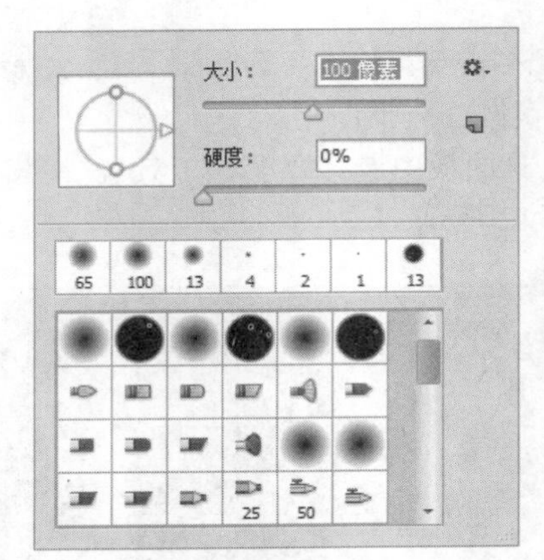

图 3-14　设置笔刷大小

在图像的蓝色背景部分涂抹，可以看到，蓝色背景部分被加深（图 3-15）。加深工具可以达到图像的某些区域变暗的效果。

图 3-15　处理后的结果

例 3-4　画笔工具的使用实例——下载笔刷与使用笔刷

在 Photoshop 应用中常常会用到一些画笔笔刷，如水珠、星光、云雾、花草、花纹等，这些笔刷并不在 Photoshop 自带的笔刷中，往往需要从网上下载后安装到 Photoshop 中使用。下载和使用的方法较为简单。

例如要使用一个花纹笔刷，可以在网上搜索“PS 花纹 笔刷”，找到合适的下载（素材中的笔刷为“花纹笔刷.abr”），下载后放到一个文件夹中。打开 Photoshop，在工具面板中选择“画笔工具”，打开的画笔工具选项栏如图 3-16 所示。

图 3-16　画笔工具选项栏

单击画笔工具选项栏中画笔笔刷右侧的▾按钮，单击设置按钮，选择“载入画笔”，如图 3-17 所示。

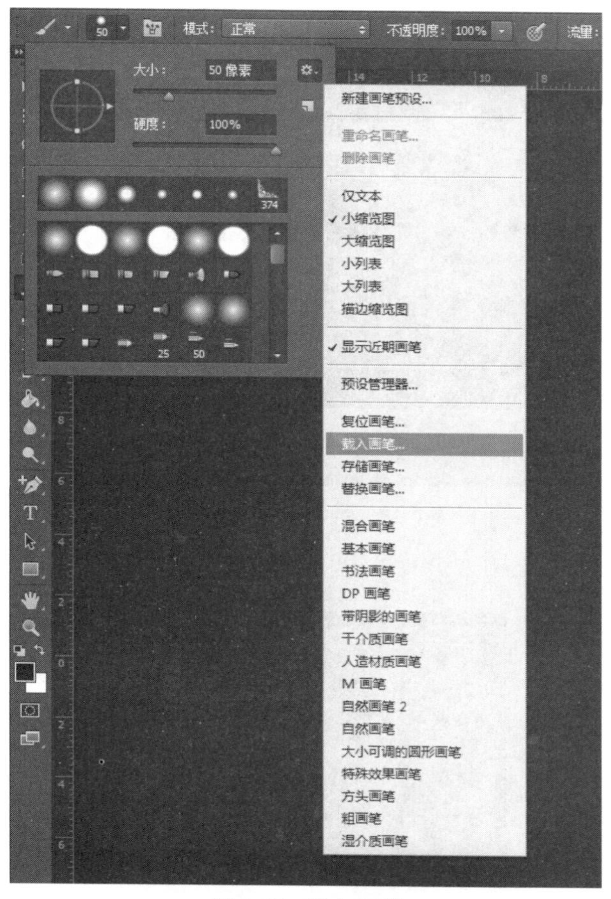

图 3-17　载入画笔

选择之前下载的笔刷“花纹笔刷.abr”，则它被载入到 Photoshop 的笔刷中，如图 3-18 所示。

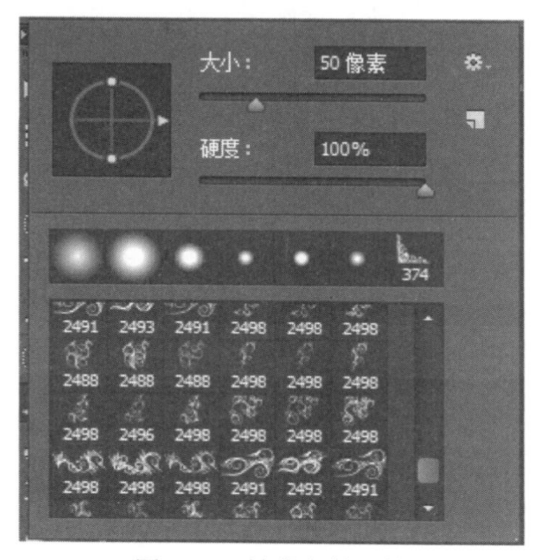

图 3-18　被载入的画笔

新建文档，将前景色设为“FF0000”，即红色，拾色器如图 3-19 所示。

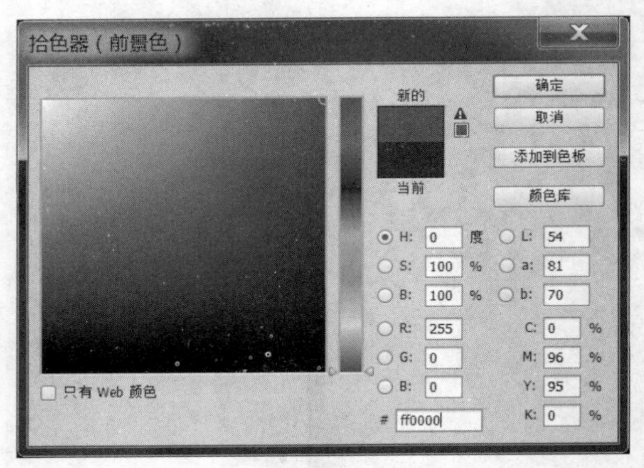

图 3-19 拾色器（前景色）

选择载入的笔刷，设置笔刷大小为“200 像素”，如图 3-20 所示。

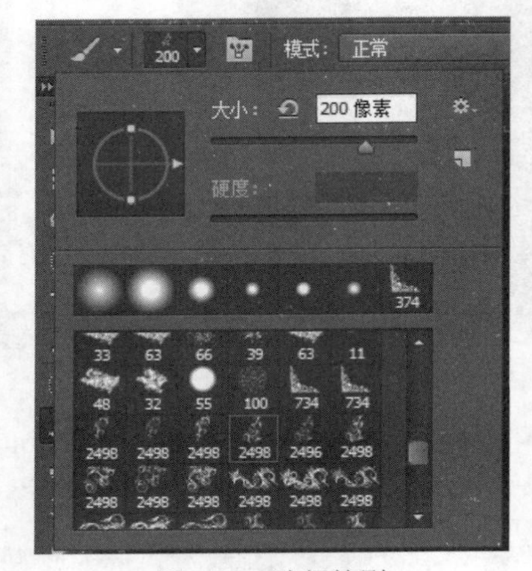

图 3-20 选择笔刷

使用笔刷在画布上刷一下，即出现红色的花纹，如图 3-21 所示。

图 3-21 用笔刷画出的红色花纹

3.4　控制面板

控制面板可以完成各种图像处理操作和工具参数设置，Photoshop CC 2014 中提供了导航器、信息、颜色、色板、图层、通道、路径、历史记录、动作、工具预设、样式、字符、段落等控制面板和状态栏。

（1）导航器（Navigator）：用来显示图像上的缩略图，可用缩放显示比例迅速移动图像的显示内容。

（2）信息（Info）：快捷键 F8，用于显示鼠标位置的坐标值、鼠标当前位置颜色的数值。当在图像中选择一块图像或者移动图像时，会显示出所选范围的大小、旋转角度等信息。

（3）颜色（Color）：快捷键 F6，在颜色面板上可以快速选定颜色。

（4）色板（Swatches）：功能类似于颜色面板，用于选定颜色。

（5）图层（Layers）：快捷键 F7，用来控制图层操作。

（6）通道（Channels）：用来记录图像的颜色数据和保存蒙版内容。

（7）路径（Paths）：用来建立矢量式的图像路径。

（8）历史记录（History）：用来恢复图像或指定恢复某一步操作。

（9）动作（Actions）：快捷键 F9，用来录制一系列编辑操作，以实现操作自动化。

（10）工具预设（Tool Presets）：快捷键 F5，用来设置画笔、文本等各种工具的预设参数。

（11）样式（Styles）：快捷地给图形添加某个样式。

（12）字符（Character）：用来控制文字的字符格式。

（13）段落（Paragraph）：用来控制文本的段落格式。

3.5　图层

3.5.1　图层的基本概念

图层的使用是 Photoshop 应用的重中之重。通过使用图层，可以缩放、更改颜色，设置样式，改变透明度等。每一个图层都是一个单独的可编辑的元素，可以任意修改。图层可以说在网页设计中起着至关重要的作用，是用来显示文本框、图像、背景、内容和更多其他元素的基底。大多数 Photoshop 使用者都同意分层是 Photoshop 的关键特性之一——良好的分层有助于设计更完美的展示和修改。

通俗地讲，图层就像是含有文字或图形等元素的胶片，一张张按顺序叠放在一起，组合起来形成页面的最终效果。图层可以将页面上的元素精确定位。图层中可以加入文本、图片、表格、插件，也可以在里面再嵌套图层。

打个比方说，在一张张透明的玻璃纸上作画，透过上面的玻璃纸可以看见下面纸上的内容，但是无论在上一层上如何涂画都不会影响到下面的玻璃纸，上面一层会遮挡住下面的图像。最后将玻璃纸叠加起来，通过移动各层玻璃纸的相对位置或者添加更多的玻璃纸即可改变最后的合成效果。

3.5.2 图层种类

在 Photoshop 中，根据各图层的不同特点，可以将图层分为背景图层、普通图层、文字图层、蒙版图层、形状图层、调整图层和填充图层等几个类型。

1. 背景图层

背景图层是创建新图像时系统自动生成的图层，始终位于“图层”面板最下部，图层名称为“背景”，如图 3-22 所示。一幅图像中只能有一个背景图层，并且背景图层是锁定状态，不能调节不透明度和图层样式，以及蒙版，但可以使用画笔、渐变、图章和修饰工具。

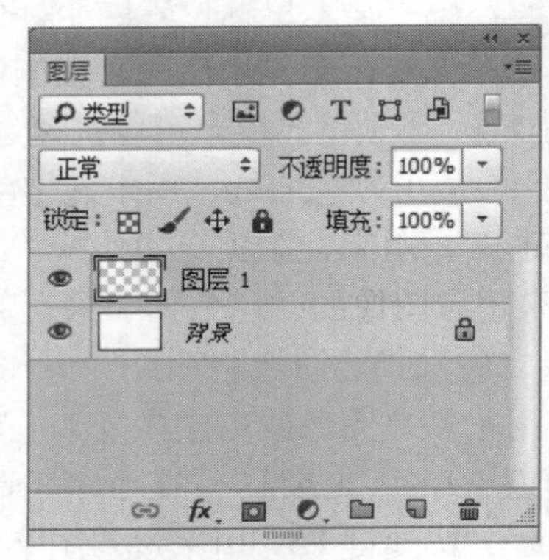

图 3-22 背景图层

2. 普通图层

普通图层也称常规图层，是 Photoshop 中最常用的图层。新建图层后，图层是一个透明的图层。在没有选择锁定选项的情况下，普通图层的编辑不受限制。

根据需要，普通图层可以转换为背景图层，背景图层也可以转换为普通图层。

3. 文字图层

文字图层是用来处理和编辑文本的图层。使用文字工具在图像上输入文字，系统会自动在图层面板中生成一个文字图层。默认情况下，系统会将图层中的文字内容作为图层的名称，和其他类型图层一样，双击可以修改图层的名称。

创建文字图层后，可以编辑文字并对其应用图层命令，但不能使用绘画和修饰工具，也不能执行滤镜命令。因为在 Photoshop 中，输入到图层的文本具有文字轮廓的矢量特性。如果确需对文字图层使用绘画和修饰工具或执行滤镜命令，可先将文字图层栅格化。

4. 蒙版图层

蒙版图层可以显示或隐藏图层的不同区域，通过编辑图层蒙版可以灵活地将大量的特效运用到图层中，而原图层上的内容不被破坏。

5. 形状图层

形状图层是在确保单击了选项栏上的“形状图层”按钮后，由形状工具或钢笔工具在图像上绘制形成的图层。形状图层可以方便地移动、对齐、分布或调整其大小，因此，形状图层非常适于为 Web 页创建图形。

6. 调整图层

可以在不破坏原图的情况下，对图像进行色相、色阶、曲线等操作。颜色和色调调整存储在调整图层中，不会永久更改像素值。比如可以创建色阶或曲线调整图层，而不是直接在图像上调整色阶或曲线，这样就给图像的多次调整提供了更大的空间。

7. 填充图层

填充图层是一种带蒙版的图层。内容为纯色、渐变和图案，可以转换成调整图层，也可以通过编辑蒙版，制作融合效果。

8. 智能对象

智能对象实际上是指向其他 Photoshop 文件的一个指针，当更新源文件时，这种变化会自动反映到当前文件中。

3.5.3 “图层”面板

Photoshop 中的“图层”面板列出了图像中的所有图层、图层组和图层效果。可以使用“图层”面板来显示和隐藏图层、创建新图层以及处理图层组，也可以在“图层”面板菜单中访问其他命令和选项。

打开 Photoshop，默认在右下角的位置显示“图层”面板，如图 3-23 所示。如果看不到“图层”面板，可以在“窗口”菜单中选择“图层”，即可显示“图层”面板。

图 3-23　“图层”面板

在“图层”面板的顶部，使用过滤选项可快速地在复杂文档中找到关键层（图 3-24）。可以基于名称、种类、效果、模式、属性或颜色标签显示图层的子集。

图 3-24　图层面板的滤镜图层选项

“图层”面板底部是“图层”面板菜单，可以实现链接图层、添加图层样式、添加图层蒙版、填充或调整图层、新建组、新建图层和删除图层等操作功能。

3.5.4 常用的图层操作

- 新建图层：单击“图层”面板菜单中的按钮，即可新建一个图层。双击图层名称，可以重命名。
- 选择图层：在“图层”面板中单击图层可选择一个图层，按住 Ctrl 键可选择多个图层。或者在工具面板中单击“（指针工具）”按钮，并勾选工具栏上的 自动选择：图层 选项，在图像上单击，即可自动选择单击区域所在的图层。
- 改变图层叠放顺序：在“图层”面板中拖动图层，即可改变图层的叠放顺序。改变叠放顺序后，图像效果通常会发生改变。
- 在当前图像中复制图层：选中要复制的图层右击，在出现的快捷菜单中选择“复制图层”或按快捷键 Ctrl+J 可在当前文档中复制图层。
- 在另一图像内复制 Photoshop 图层：打开源图像和目标图像，在源图像中选择要复制的图层，拖到到目标图像中，即可复制图层。
- 创建新组：当一个图像图层较多时（网页设计图大多数都是这种情况），需要使用图层组进行管理。使用组来按逻辑顺序排列图层，可减轻“图层”面板中的杂乱情况。可以将组嵌套在其他组内，还可以使用组将属性和蒙版同时应用到多个图层。组可以展开和折叠，例如在图 3-23 中，单击 header 组前的按钮，可以展开和折叠该组。要使某个图层在某个组中，只需要将其拖至该组即可。
- 隐藏、锁定图层：通过隐藏、锁定图层等操作，可以方便地将暂时不需要修改、影响制作的图层给隐藏或者锁定起来。隐藏图层需要单击按钮，锁定图层需要单击按钮。
- 设置图层样式：图层效果作用于图层中的不透明像素，图层效果与图层内容链接。这样的好处是如果图层内容发生改变，图层效果也相应改变。选中图层后，在右键菜单中选择“混合选项”，打开“图层样式”对话框（图3-25），可以设置斜面和浮雕、描边、内阴影、内发光、光泽、颜色叠加、渐变叠加、外发光、投影等效果。

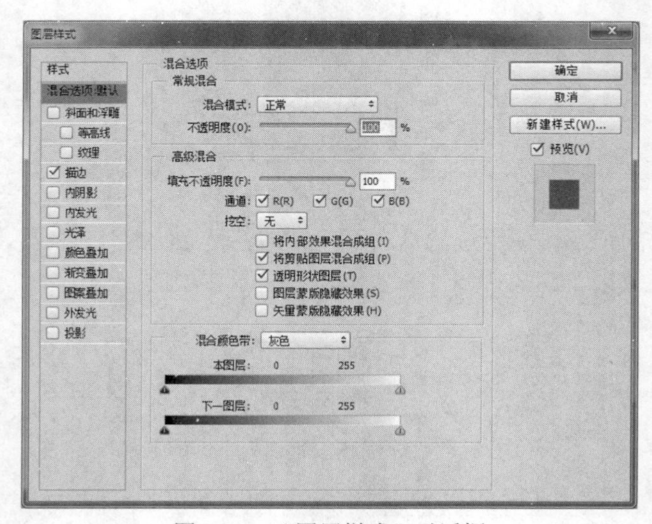

图 3-25 “图层样式”对话框

- 链接、合并图层：当几个图层已经处理好，并可以同步移动的时候，可以把它们链接起来或者合并。链接和合并的区别是，链接后的图层仍然是几个图层，随时可以解除链接单独操作。但合并后的图层是一个图层，除了撤销操作外，这个图层无法再分解开，所以合并图层时要慎重。

3.5.5　图层操作实例

例 3-5　图层操作实例

新建一个 Photoshop 文档，在工具面板中选择“横排文字工具”，在工具选项栏中将字体设为“黑体 Regular”，字号“60px”，颜色“0000FF”，输入文字内容为“图层实例”，如图 3-26 所示。

图 3-26　输入文字内容

在文字图层上右击，选择“混合选项”，打开“图层样式”对话框，勾选“斜面和浮雕”及“投影”，则文字出现立体及阴影效果，如图 3-27 所示。

图 3-27　添加图层样式的效果

3.6　其他常用操作

3.6.1　旋转和变换

1. 旋转

在 Photoshop 中，可以对各种对象进行旋转和翻转操作，如整个图像、图像的选取范围、图层、路径和文本内容等。

对整个图像进行旋转和翻转，是通过“图像”→“图像旋转”子菜单中的命令来完成的，有“180 度”“顺时针 90 度”“逆时针 90 度”“任意角度”“水平翻转画布”“垂直翻转画布”等命令。执行这些命令之前，不必选取范围，可以直接使用。但要注意，这些命令是针对整个图像的。

要对局部的图像进行旋转和翻转，首先应选取一个范围或选中一个作用图层，然后单击“编辑”→“变换”子菜单中的旋转和翻转命令。

注意：旋转局部图像时只对当前作用图层有效。

2. 变换

对象进行自由变换，单击“编辑”→“变换”子菜单中的命令就可以完成此类操作，有 Scale（缩放）、Rotate（旋转）、Skew（倾斜）、Distort（扭曲）和 Perspective（透视）命令可以完成 5 种不同的变换操作。

例 3-6 旋转和变换操作实例

在 Photoshop 中新建文档，在工具面板中选择“椭圆工具”，在画布上画一个椭圆，如图 3-28 所示。

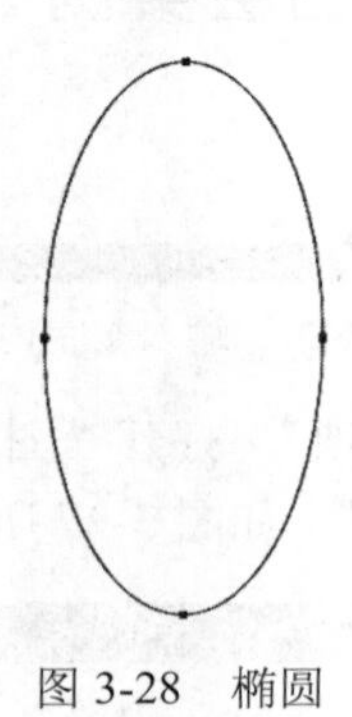

图 3-28 椭圆

为椭圆添加图层样式，在“椭圆”图层上右击选择“混合选项”，勾选“渐变叠加”，如图 3-29 所示。

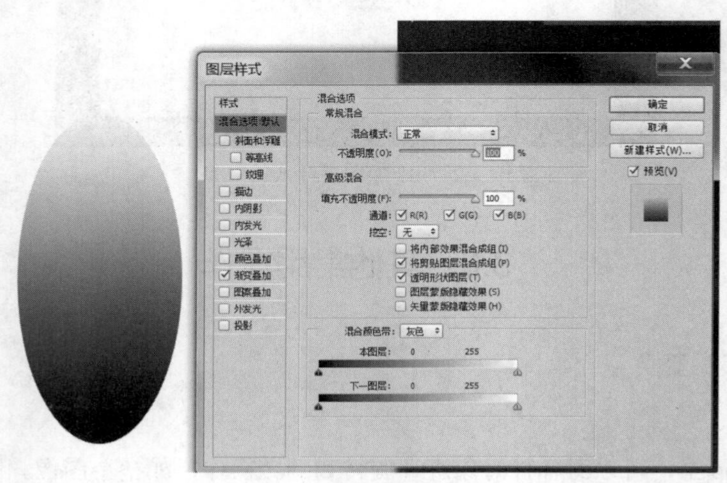

图 3-29 为椭圆添加图层样式

选择“椭圆”图层，按 Ctrl+J 组合键复制图层，选择复制的图层，单击菜单栏中的“编辑”→“变换”→“顺时针旋转 90 度”命令，得到的图像如图 3-30 所示。

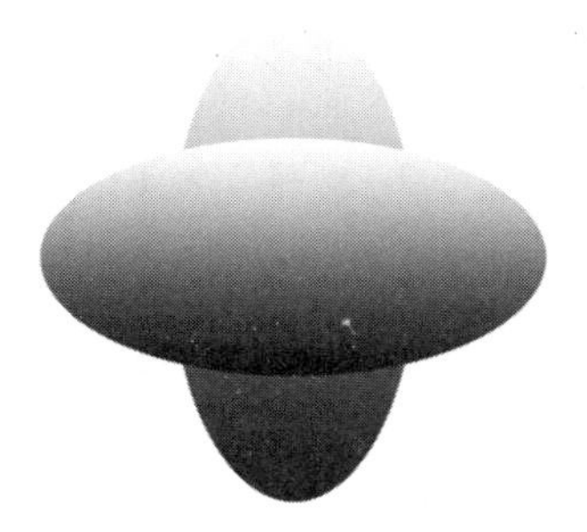

图 3-30　复制并旋转后的图像

选中这两个椭圆图层，单击菜单栏中的“编辑”→“变换”→“缩放”命令，在椭圆上出现控制句柄，拖拽句柄可以控制图形的大小，如图 3-31 所示。最后，保存图像。

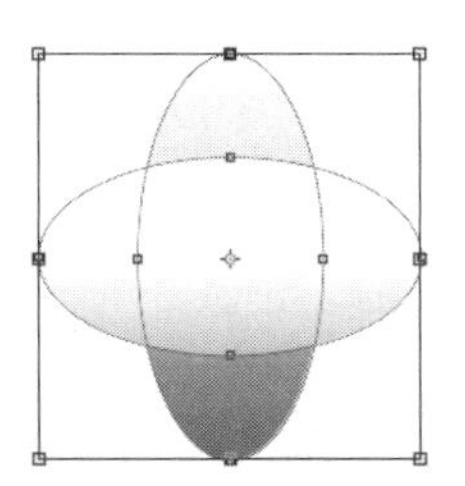

图 3-31　缩放图层

3.6.2　标尺和参考线

标尺使得在处理图像和绘制图像时，能够精确地定位图形，特别是一些手工制作的图形。而在指定的位置建立相应的参考线，作为坐标，可以进一步进行精确的作图。

在菜单栏“视图”中勾选“标尺”，则在工作区的上边和左边出现标尺，如图 3-32 所示。

图 3-32　显示标尺

在标尺区用鼠标拖动，即可画出一条参考线，横向标尺拖移后为水平方向参考线，纵向标尺拖移后为垂直方向参考线。画出的参考线如图 3-33 所示。

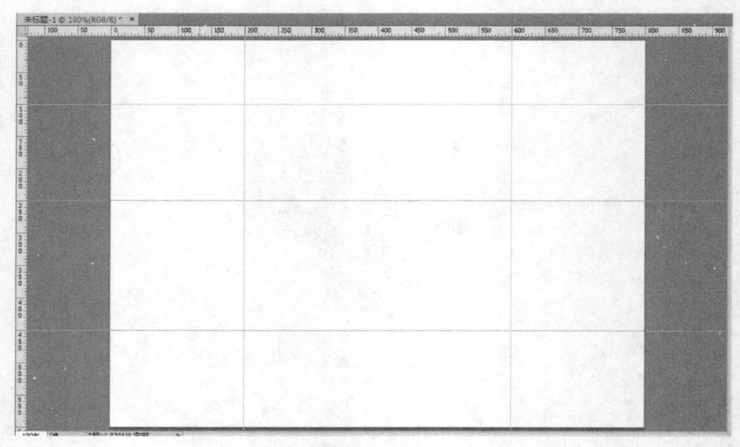

图 3-33 参考线

在使用任何工具的情况下都可以拉出参考线，但是只有使用移动工具才能移动参考线。

如果想画出更加精确的参考线，可以在“视图”菜单中选择“新建参考线”，在打开的“新建参考线”对话框中选择取向和位置，单击“确定”按钮，即可生成一条具有精确位置的参考线，如图 3-34 所示。

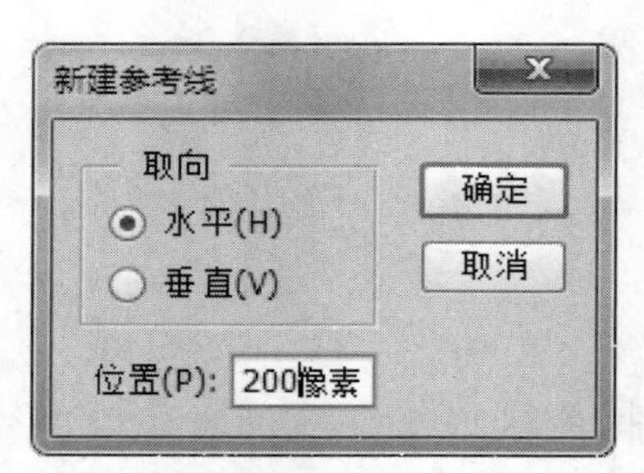

图 3-34 新建参考线

例 3-7 参考线实例——如何做出垂直和水平居中的参考线

在 Photoshop 文档中，选择菜单“视图”→“新建参考线”，在打开的“新建参考线”对话框中选择取向为“水平”，位置为“50%”。类似的，选择取向为“垂直”，位置为“50%”，如图 3-35 所示。即建立一条垂直居中的参考线和一条水平居中的参考线，如图 3-36 所示。

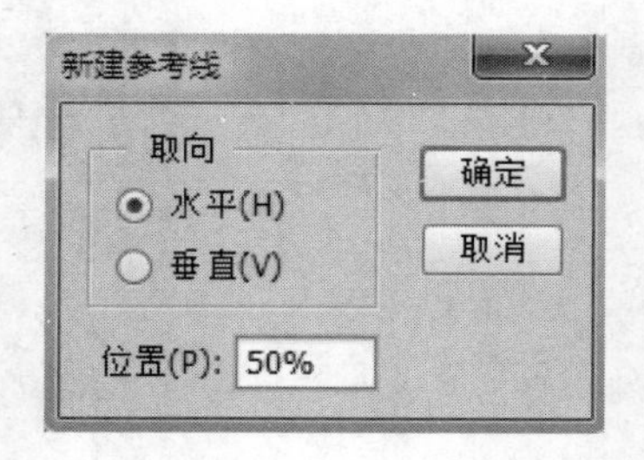

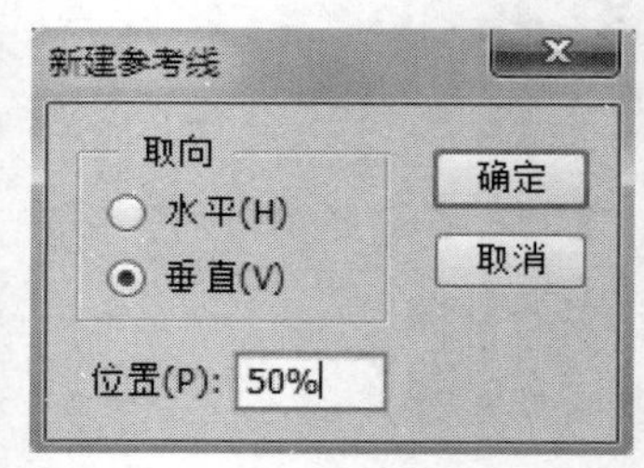

图 3-35 新建参考线

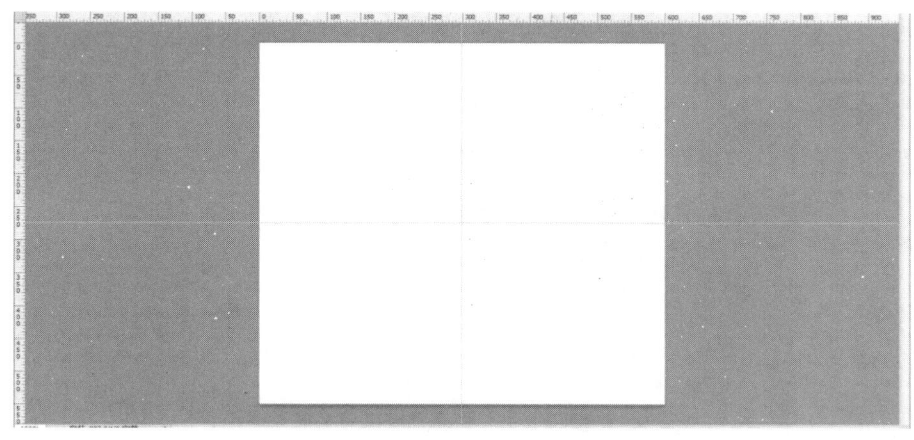

图 3-36　参考线

3.6.3　图像调整

“图像”菜单中的“调整”命令主要是对图片色彩进行调整，包括图片的颜色、明暗关系和色彩饱和度等，图像调整是 Photoshop 中最常用的功能之一。

1. 自动调整

包括“自动色阶”“自动对比度”“自动颜色”命令，直接选中命令即可调整图像的对比度或色调。

2. 简单颜色调整

有些颜色调整命令不需要复杂的参数设置就可以更改图像颜色。包括“去色（将彩色图像转换为灰色图像）”“阈值（将灰度或者彩色图像转换为高对比度的黑白图像，可用来制作漫画或版刻画）”“反相（用来反转图像中的颜色）”等命令。

3. 明暗关系调整

对于色调灰暗、层次不分明的图像，可使用针对色调、明暗关系的命令进行调整，增强图像色彩层次。包括“亮度/对比度（调整图像的明暗程度）”“阴影/高光（使照片内的阴影区域变亮或变暗）”“曝光度（可以对图像的暗部和亮部进行调整）”等命令。

4. 整体色调转换

一幅图像虽然具有多种颜色，但总体会有一种倾向，例如偏蓝或偏红，偏暖或偏冷等，这种颜色上的倾向就是一幅图像的整体色调。在 Photoshop 中可以使用“照片滤镜（通过模拟相机镜头前滤镜的效果来进行调整）”“匹配颜色（将一个图像的颜色与另一个图像中的色调相匹配）”“变化（通过单击缩览图的方式，直观地调整图像的色彩平衡、对比度和饱和度）”等命令轻松改变图像整体色调。

5. 调整颜色三要素

任何一种色彩都有它特定的明度、色相和纯度。而使用“色相/饱和度”与“替换颜色”命令可针对图像颜色的三要素进行调整。

6. 调整通道颜色

在 Photoshop 中通过颜色信息通道调整图像色彩的命令有“色阶”“曲线”与“通道混合器”，它可以用来调整图像的整体色调，也可以对图像中的个别颜色通道进行精确调整。

例 3-8 图像调整实例——曲线的使用

曲线是 Photoshop 中最常用到的调整工具，理解了曲线的操作就能触类旁通，学会使用很多其他色彩调整命令。

在 Photoshop 中打开素材“沙漠.jpg”，如图 3-37 所示。

图 3-37 “沙漠”图像

单击菜单栏中的“图像”→“模式”，选择“灰度”，将图像转换为灰度图像，可以看出图 3-38 中被选中的区域亮度较高。查看后撤销回到原图。

图 3-38 转换为灰度图像

选择菜单栏中的“图像”→“调整”中的“曲线”命令，打开“曲线”对话框，如图 3-39 所示。

a 点表示图像中暗调的区域，b 点表示中间调的区域，c 点表示高光区域，如果将曲线拉到如图 3-40 所示的 e、f、g 点所在曲线的位置，则说明 a、b、c 三点的亮度都增加了，因此，图像看起来整体都变亮了，如图 3-41 所示。

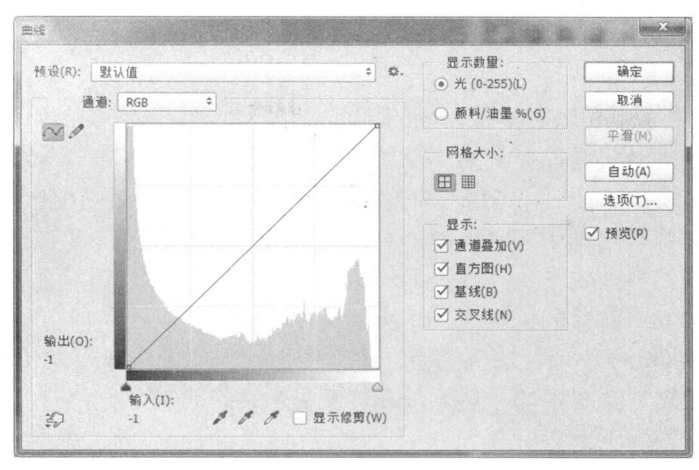

图 3-39　“曲线”对话框

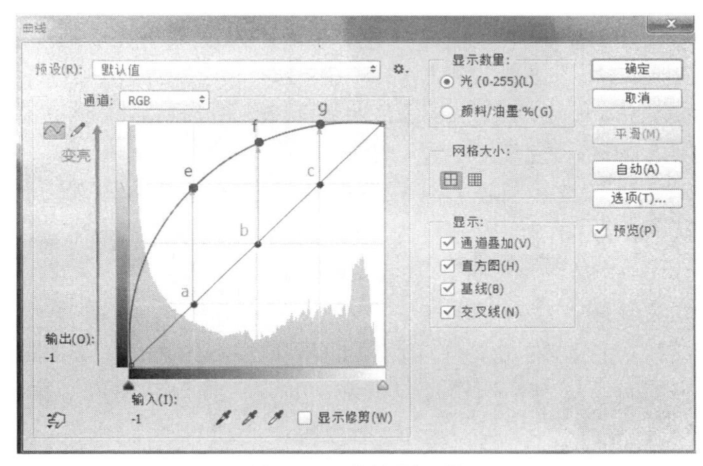

图 3-40　曲线原理图

图 3-41　处理后的效果

3.6.4 滤镜

所有滤镜的使用，都有以下 6 个相同的特点：

（1）滤镜的处理效果是以像素为单位的。

（2）当执行完一个滤镜后，可用“渐隐”对话框对执行滤镜后的图像与源图像进行混合。

（3）在任一滤镜对话框中按 Alt 键，对话框中的“取消”按钮将变成“复位”按钮，单击它可恢复到打开时的状态。

（4）在位图和索引颜色的色彩模式下不能使用滤镜。

（5）在 Photoshop 中，可对选区图像、整个图像、当前图层或通道起作用。

（6）使用“编辑”菜单中的“还原”和“重做”命令可以对比执行滤镜前后的效果。

常用的滤镜有“模糊”“液化”“风格化”“锐化”“像素化”“渲染”“杂色”等。以下重点介绍“模糊”滤镜。

“模糊”滤镜可以柔化边缘太清晰或对比度太强烈的区域，产生模糊的效果，其原理是减少像素间的差异，使明显的边缘模糊，或使突出的部分与背景更接近。

“动感模糊”滤镜：使用该滤镜可以产生运动模糊，它是模仿物体运动时曝光的摄影手法，增加图像的运动效果。弹出的对话框包含两项参数，用户可以对模糊的强度和方向进行设置，还可以通过使用选区或图层来控制运动模糊的效果区域。

“高斯模糊”滤镜：该滤镜可以直接根据高斯算法中的曲线调节像素的色值来控制模糊程度，造成难以辨认的浓厚的图像模糊。弹出的对话框只包含一个控制参数（半径），取值范围在 0.1～250 之间，是以像素为单位，取值受图像分辨率的影响，大图可以取较大的值，但取值太大时处理速度会较慢。

“径向模糊”滤镜：该滤镜属于特殊效果滤镜。使用该滤镜可以将图像旋转成圆形或从中心辐射图像。弹出的对话框包括四个控制参数：数量（控制明暗度效果）、模糊方法（旋转或缩放）、品质、中心模糊（使用鼠标拖动辐射模糊中心相对整幅图像的位置，如果放在图像中心则产生旋转效果，放在一边则产生运动效果）。

还有“进一步模糊”滤镜、“模糊”滤镜、“特殊模糊”滤镜等。

例 3-9 高斯模糊实例

第一步，打开素材“野花.jpg”，在工具面板中选择“磁性套索工具”，沿着花的边缘做出一个选区，如图 3-42 所示。

图 3-42 以花的边缘作出选区

第二步，执行“选择”→“修改”→“羽化”，羽化半径设置为“5 像素”。羽化操作可以软化选区的边缘，使做出的效果更加真实。

第三步，执行“选择”→“反选”，选中除花以外的区域，也就是要执行高斯模糊的区域。

第四步，执行“滤镜”→“高斯模糊”，模糊半径设置为“5 像素”，取消选择。最终呈现突出主体、背景模糊的效果，如图 3-43 所示。

图 3-43　处理后的效果

3.7　综合应用

设计一个好的网页，要做的工作很多，先规划好大致的框架，然后由上至下慢慢细化各部分的内容，按钮、横幅、图标及其他素材的制作都需要考虑。

上一章已经对网页布局有了基本的规划，在本节中，可以在图 2-6 基础上，作进一步的设计。

需要注意的是，由于在本书中将尽可能采用 CSS 来设置页面的样式，包括所有的背景渐变，因此，在 Photoshop 设计中会尽量使用能直接转换成 CSS 的内容。

3.7.1　使用栅格做布局规划

对于网页设计来说，栅格系统的使用，不仅可以让网页的信息呈现更加美观易读，更具可用性，而且，对于前端开发来说，网页将更加灵活与规范。

960px 网格系统（http://960.gs/），也称 960 栅格布局，近年来被网页设计人员广泛地用来搭建网站和设计网页布局，是非常好的网格系统，因其相当灵活。它能帮助网页设计者快速地构造以下栅格数目的布局原型：9×3、3×3×3、4×4×4×4、10×2 等，并已经在很多网站和设计模板上使用，如新浪、网易、搜狐等。

从 http://960.gs/下载栅格模板，本例中使用 12 栅格模板，在 Photoshop 中打开，如图 3-44 所示。可以看到页面布局被分为 12 个栅格，栅格以固定间距分开。

图 3-44　12 栅格模板

首先为整个网页设置背景色。打开模板，新建图层，命名为“背景”，使用#eee 填充，如图 3-45 所示。

图 3-45　设置整个页面的背景色

3.7.2　设计 Header 部分

制作网页的 Header 部分，要做的工作包括：设计 Header 的样式、LOGO、Banner、导航条、搜索框等。

1. 为 Header 创建分组

单击“图层”面板中的“创建新组”按钮，创建一个新的分组，命名为“header”，如图 3-46 所示。以下操作中所有属于 Header 部分的图层都放在这个分组中。

2. 设计 Header 的样式

在画布顶部使用矩形工具拖出一个宽度为 100%、高度为 160px 的矩形，填充色为#149de0，效果如图 3-47 所示。

图 3-46　创建组

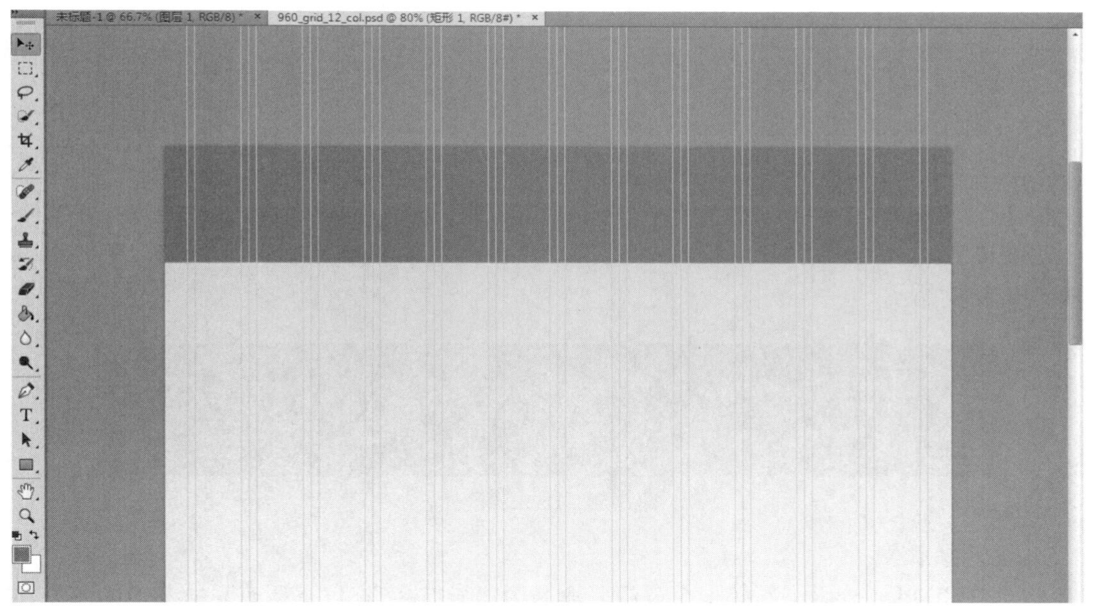

图 3-47　页面顶部

3．设计 LOGO

（1）将网站的名字设为“Build Your WebSite”，取三个单词首字母，形成 LOGO 的设计元素。

（2）使用工具面板中的圆角矩形工具，在 Header 部分画一个圆角矩形，半径设为“5 像素”，无填充色，设置图层混合模式为“描边”，具体设置如图 3-48 所示。

（3）用文字工具在圆角矩形中输入“BYW”三个字符，设置字体为 Arial Rounded MT，字号为 18。最终效果如图 3-49 所示。

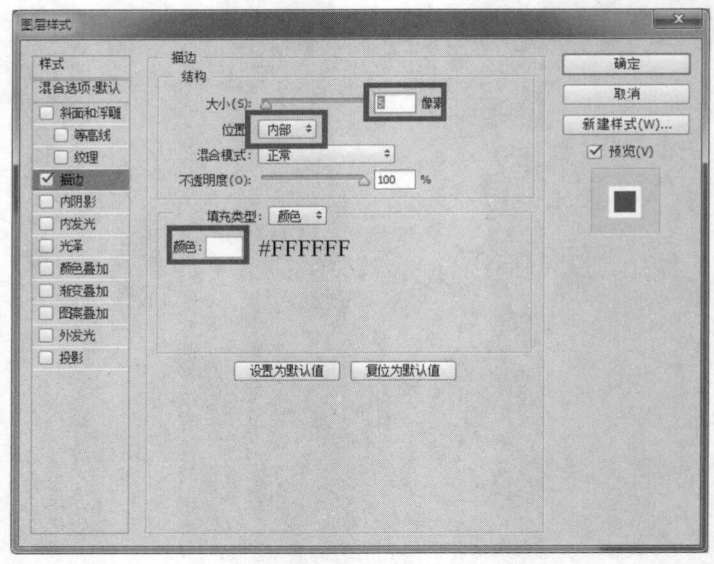

图 3-48 描边设置

图 3-49 LOGO 设计

4. 设计 Banner

使用文字工具，输入“Build Your WebSite”，字体为 Bodoni MT Black Italic，字号为 30，效果如图 3-50 所示。

图 3-50 Banner 设计

5. 设计导航条

（1）在 header 分组下新建一个分组，命名为“导航条”，以下所有导航条内的图层都放在该分组下。

（2）做出导航条中的“首页”链接样式。使用文字工具输入“首页”，字体为“微软雅黑 Regular”，字号为 18，颜色为#eee，如图 3-51 所示。

图 3-51 导航按钮

（3）设计其他导航链接

（在文章页面，导航栏的选中项为“文章”，因此“文章”与其他导航栏目的样式应该有所区别）。使用文字工具输入“文章”，字体为“微软雅黑 Regular”，字号为 18，颜色为#eee。使用直线工具，设置粗细为“3 像素”，填充色为#fff。

与“首页”导航链接类似，做出“图库”“视频”“个人简介”“留言”“友情链接”等导航链接的样式，效果如图 3-52 所示。

图 3-52　导航栏

6. 搜索框设计

在 Header 中使用圆角矩形工具画一个搜索框，设置圆角矩形半径为“5 像素”，颜色为#eeeeee。在搜索框中，使用文字工具，输入“关键词...”，设置字号为“14 像素”，颜色为#787575，效果如图 3-53 所示。

图 3-53　搜索框

至此，Header 部分设计完成。

3.7.3　设计主体区域

在本例中，主体区域的左侧上方是个人头像区，下方是文章列表区，右侧是文章正文区域。（为保证书中截图清晰，本例以下部分全部将参考线隐藏，读者可在网站效果图的 psd 原始文件中单击“视图”→“显示”→“参考线”以显示参考线。）

在“图层”面板中新建一个分组，命名为“主体”。以下属于主体区域的图层都放在这个分组下。

1. 左侧

（1）设计左侧区域的整体背景颜色

新建一个组，命名为“左侧”，放在“主体”组下。使用矩形工具，设置填充色为白色，无描边，在左侧画出一个矩形区域，作为左侧的背景，如图 3-54 所示。

（2）头像和用户说明

在左侧的上部复制一张图片（图片可以任意选取），将图片所在的图层重命名为“用户头像”，选择菜单栏中的“编辑”→“变换”→“缩放”，将图片的大小设为宽 80px、高 100px。选择文字工具，在图片下方输入一行文字“张三　前端设计狮”作为对用户的说明，字体设置为“微软雅黑、14px、#aaa”，效果如图 3-55 所示。

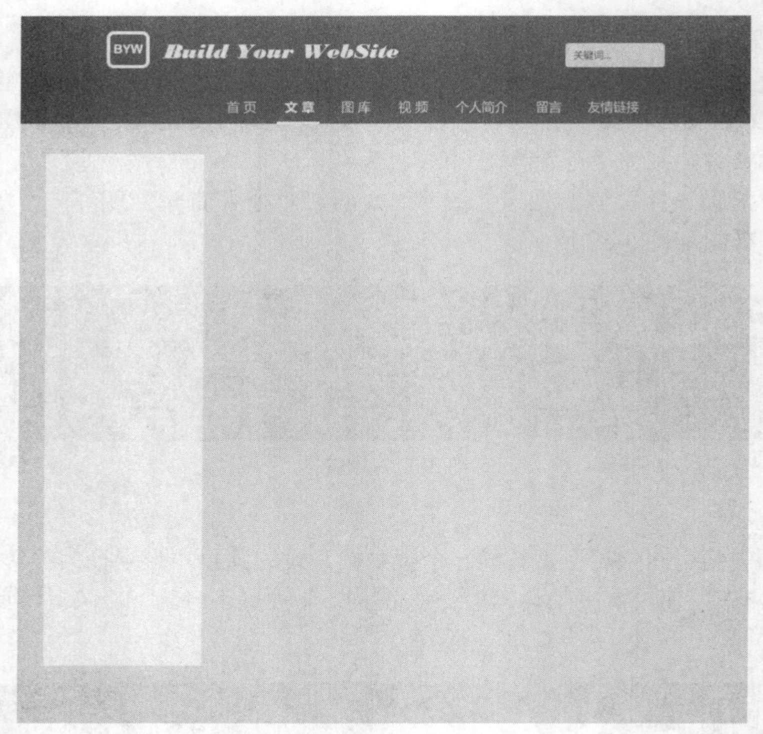

图 3-54 左侧背景

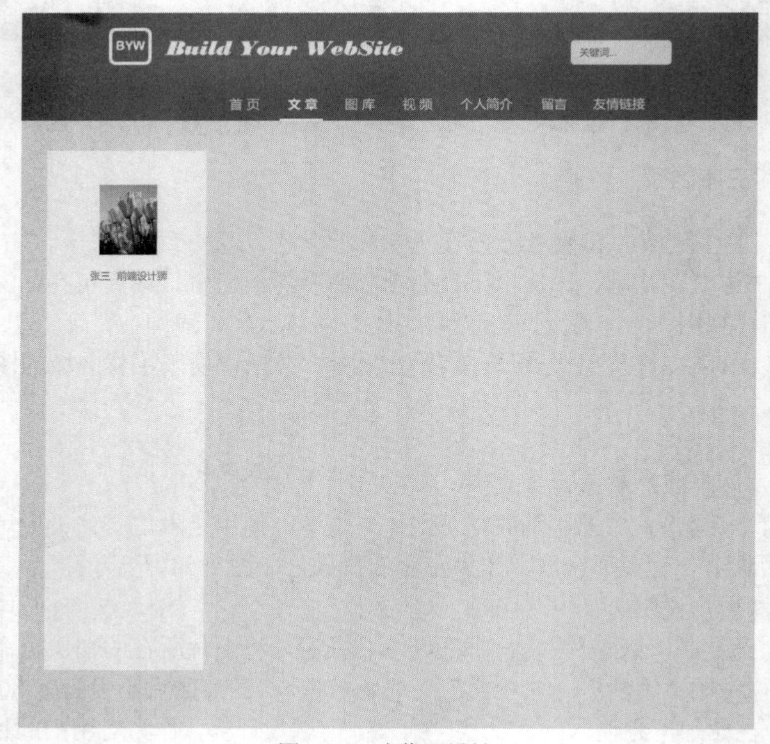

图 3-55 头像区设计

（3）文章列表区

文章列表区包含一个标题行和一个列表。

选择文字工具，设置文字字体为“微软雅黑、18px、#aaa”，输入文字内容为“文章列表”，作为标题行。

在标题行下方，设置文字字体为“微软雅黑、14px、#149de0”，输入文字内容为“2015 年 8 月”，将这个列表项设为当前选中的链接。

再设计其他列表项的内容，设置文字字体为“微软雅黑、14px、#aaa”，输入其他列表项内容，效果如图 3-56 所示。

图 3-56　文章列表区设计

2. *右侧*

主体区域的右侧用来放置文章的标题和第一段正文内容（只是第一段正文，标题设成链接的形式，单击标题或第一段下方的“查看全文”链接都可以查看全文）。首先在“图层”面板中的“主体”分组下，新建一个分组，命名为“右侧”。在之后的操作中，属于右侧的内容都放在这个分组下。

（1）设置右侧区域的背景色

选择矩形工具，在设计图的右侧画出一个矩形，填充为白色，无描边，如图 3-57 所示。

（2）文章标题和第一段正文

选择直线工具，在工具选项中设置直线的粗细为“3 像素”，填充颜色为#e60012，无描边，设置如图 3-58 所示。使用直线工具画一条高 44 像素的垂直直线，在直线后使用文字工具输入文字内容“网页设计概述”，作为第一篇文章的标题（设置文字“微软雅黑、16px、#aaa”），效果如图 3-59 所示。

图 3-57 设置右侧背景色

图 3-58 直线工具选项设置

图 3-59 文章的标题

在标题下方使用文字工具（设置文本为“微软雅黑、14px、#aaa”），输入第一段正文文字：“网页，是构成网站的基本元素，是承载各种网站应用的平台。通俗地说，网站就是由网页组成的。网页是一个文件，它可以存放在世界某个角落的某一台计算机中，是万维网中的一‘页’。一个网站一般由若干个网页构成。”

在第一段正文下方，使用文字工具，设置文本字体为“微软雅黑、14px、#149de0”，输入“[查看全文]”，作为查看全文的链接。

按 Ctrl 键选择标题前的竖线、标题、正文第一段和“查看全文”链接这四个图层，右击选择“链接图层”，将其设置为链接图层以方便操作。新建一个分组，命名为“第一篇文章”，将这四个图层拖到这个分组下，如图 3-60 所示。

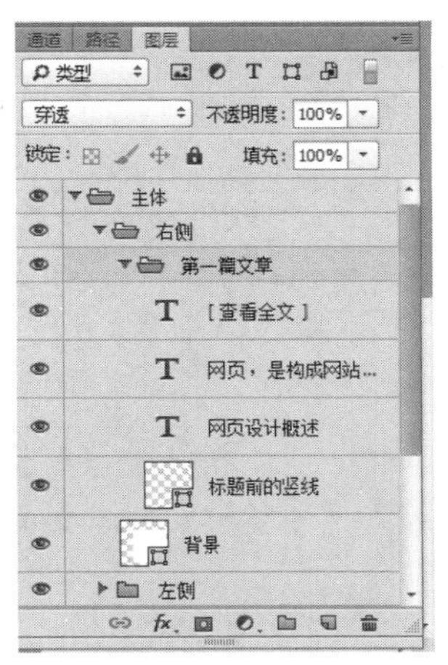

图 3-60　新建分组

第一篇文章的设计效果如图 3-61 所示。

图 3-61　第一篇文章

用同样的方法完成第二、三篇文章的设计，设计效果如图 3-62 所示。

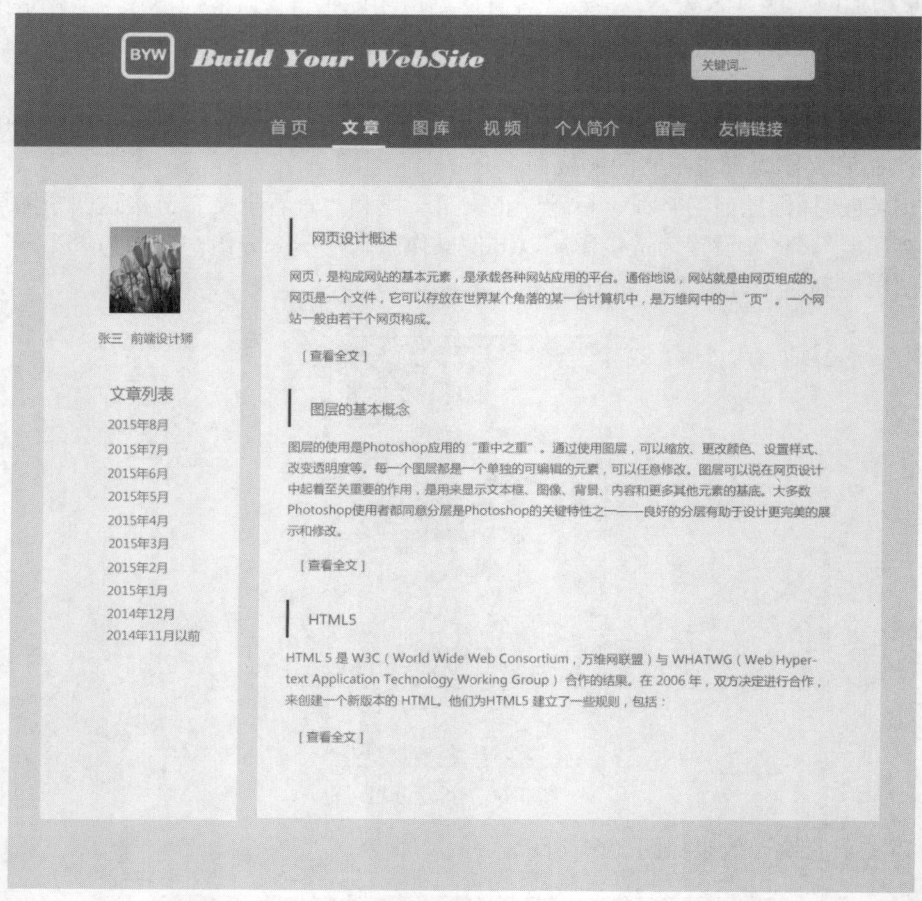

图 3-62　文章区域的设计效果

至此，就完成了主体区域的设计。

3.7.4　设计 Footer 部分

Footer 区域常常用来放置版权信息、网站创作者的名称和联系方式、工商局备案信息等。本例中，在 Footer 区放置版权信息。

将页面底端作为 Footer 区域，选择文字工具，在居中的位置上输入“Copyright ©2015 sunna All rights reserved.”，效果如图 3-63 所示。

图 3-63　Footer 区域设计

至此，完成文章页面的设计，整体的设计效果如图 3-64 所示。

图 3-64　文章页面的设计效果图

在后续章节中，将以 Photoshop 设计图为基础进行网页的制作。

3.8　本章小结

在本章中，介绍了 Photoshop 的基础知识，以及如何使用 Photoshop 进行网页的设计。

首先介绍了 Photoshop 的基本概述，包括 Photoshop 的功能、Photoshop 的工作界面、Photoshop CC 2014 的新特性等。

接着介绍了 Photoshop 中最基础的文件操作，包括新建图像、打开图像、保存图像等。

接下来分别介绍了 Photoshop 工具面板、控制面板、图层的使用方法，每一部分都包括基本使用方法和一些操作实例。读者可以通过这些实例掌握 Photoshop 最常用的操作要点。

还介绍了一些其他常用操作，如旋转和变换、标尺和参考线、图像调整、滤镜等。在使用 Photoshop 进行设计时，往往没有一定之规，读者需要通过反复练习掌握 Photoshop 的诀窍。

最后，完成了一个页面设计的实例：按照上一章的思路设计出一个文章页面的网页效果图。其中涉及到文字工具、直线工具、矩形工具等多种工具的使用，也运用了各种图层操作。读者可以跟随实例的步骤，一步一步设计出一个简洁而完整的页面效果。

第4章　超文本标记语言 HTML 与 HTML5

作为目前最热门的前端语言，HTML 5 已经成为 HTML 的主流。因此，在本书中，以 HTML5 作为前端设计语言进行网页的制作。

可以使用 Dreamweaver 等可视化网页制作工具来编辑 HTML 文档代码，但不应该过于依赖这一类工具。一个前端开发人员应该更加深入地掌握 HTML 语言，体会如何简洁、规范地使用它。

在本章中将展示如何通过 HTML 语言（这里使用 HTML5）来创建网页。内容包括：HTML 概述以及 HTML5 的介绍，HTML 文档的基本组成，如何在网页中添加文字、图像、音频、视频、表格、表单等内容，如何使用 HTML5 的 canvas 元素在网页中画图等，最后一节中详细展示了一个使用 HTML5 编写网页的例子。

本章的内容包括：

- HTML 概述，包括 HTML 的由来、HTML 的定义、HTML 的特点、HTML 的发展历程等，还简要介绍了 HTML5；
- HTML 文档的基本组成，还介绍了 HTML 的书写格式，以及块级元素与内联元素的概念；
- HTML 中与文本相关的内容，包括如何表示段落、标题、列表、水平线、转义字符等；
- HTML 中与多媒体相关的内容，包括如何添加及设置图像、音频、视频等，以及在 HTML5 中如何使用<audio>和<video>标签；
- HTML 中与超链接相关的内容，包括如何为文字添加链接、修改链接的窗口打开方式、给链接添加提示，以及超链接中的锚和电子邮件链接；
- HTML 中与表格相关的内容，包括在 HTML 中表格的定义和用法，如何设置表格标题、表头和表尾，以及合并单元格等表格操作；
- HTML 中与表单相关的内容，包括如何在网页中插入表单和表单中的元素（文本框、标签、密码框、单选按钮、复选框、下拉框、按钮、文件上传、隐藏字段等），还介绍了 HTML5 的表单新特性和新属性，包括一些新的 Input 类型，如 Email、url、number、range、search 等，还包括 autocomplete、autofocus、placeholder 等属性；
- 其他 HTML5 元素，如布局元素、画布、数据列表、拖放等；
- 一个综合应用的实例，做出上一章中效果图展示的基本结构。

4.1　HTML 概述

HTML（HyperText Markup Language），即超文本标记语言，是一种用来制作超文本文档的简单标记语言。HTML 是由 Web 的发明者 Tim Berners-Lee 和同事 Daniel W.Connolly 于 1990 年创立的一种标记式语言，是标准通用标记语言下的一个应用。

超文本指页面内可以包含图片、链接，甚至音乐、程序等非文字元素。

超文本标记语言的结构包括“头”部分（Head）和“主体”部分（Body），其中“头”部分提供关于网页的信息，“主体”部分提供网页的具体内容。

4.1.1　HTML 的由来

万维网上的一个超媒体文档称为一个页面（Page）。作为一个组织或者个人在万维网上放置开始点的页面称为主页（Homepage）或首页。主页中通常包括指向其他相关页面或其他节点的指针（超链接），所谓超链接，就是一种统一资源定位器（Uniform Resource Locator，URL）指针，通过激活（单击）它，可使浏览器方便地获取新的网页。这也是 HTML 获得广泛应用的最重要的原因之一。

在逻辑上将视为一个整体的一系列页面的有机集合称为网站（Website 或 Site）。HTML 是为网页创建和其他可在网页浏览器中看到的信息而设计的一种标记语言。

网页的本质就是超文本标记语言，通过结合使用其他的 Web 技术（如脚本语言、公共网关接口、组件等），可以创造出功能强大的网页。因而，超文本标记语言是万维网（Web）编程的基础，也就是说万维网是建立在超文本基础之上的。超文本标记语言之所以称为超文本标记语言，是因为文本中包含了超链接点。

4.1.2　HTML 的定义

超文本标记语言是标准通用标记语言下的一个应用，也是一种规范、一种标准，它通过标记符（也称标签）来标记要显示的网页中的各个部分。网页文件本身是一种文本文件，通过在文本文件中添加标记符，可以告诉浏览器如何显示其中的内容（如文字如何处理，画面如何安排，图片如何显示等）。浏览器按顺序阅读网页文件，然后根据标记符解释和显示其标记的内容，对书写出错的标记将不指出其错误，且不停止其解释执行过程，编制者只能通过显示效果来分析出错原因和出错部位。但需要注意的是，不同的浏览器，对同一标记符可能会有不完全相同的解释，因而可能会有不同的显示效果。

4.1.3　HTML 的特点

超文本标记语言语法结构不是很复杂，但功能强大，支持不同数据格式的文件嵌入，这也是万维网（WWW）盛行的原因之一，其主要特点如下：

（1）简易性：超文本标记语言版本升级采用超集方式，从而更加灵活方便。

（2）可扩展性：超文本标记语言的广泛应用带来了加强功能，增加标记符等要求，超文本标记语言采取子类元素的方式，为系统扩展带来保证。

（3）平台无关性：超文本标记语言可以使用在广泛的平台上，这也是万维网（WWW）盛行的另一个原因。

（4）通用性：HTML 是网络的通用语言，是一种简单、通用的全置标记语言。它允许网页制作人建立文本与图片相结合的复杂页面，这些页面可以被网上任何其他人浏览到，无论使用的是什么类型的电脑或浏览器。

4.1.4　HTML 的发展史

超文本标记语言（第一版）——1993 年 6 月作为国际互联网工程任务组（IETF）工作草

案发布（并非标准）；

HTML2.0——1995 年 11 月作为 RFC 1866 发布，在 RFC 2854 于 2000 年 6 月发布之后被宣布已经过时；

HTML3.2——1997 年 1 月 14 日发布，W3C（World Wide Web Consortium，万维网联盟）推荐标准；

HTML4.0——1997 年 12 月 18 日发布，W3C 推荐标准；

HTML4.01（微小改进）——1999 年 12 月 24 日发布，W3C 推荐标准；

HTML5——2014 年 10 月 28 日发布，W3C 推荐标准。HTML5 草案的前身名为 Web Applications 1.0。于 2004 年被 WHATWG（Web Hypertext Application Technology Working Group）提出，于 2007 年被 W3C 接纳，并成立了新的 HTML 工作团队。2008 年 1 月 22 日，第一份正式草案发布。

4.1.5 HTML5

HTML5 是 W3C 与 WHATWG 合作的结果。2006 年，双方决定合作创建一个新版本的 HTML。他们为 HTML5 建立了一些规则，包括：

- 新特性应该基于 HTML、CSS、DOM 以及 JavaScript；
- 减少对外部插件的需求（比如 Flash）；
- 更优秀的错误处理；
- 更多取代脚本的标记；
- HTML5 应该独立于设备；
- 开发进程应对公众透明。

HTML5 将成为 HTML、XHTML 以及 HTML DOM 的新标准。HTML5 仍处于完善之中。目前，Firefox、Google Chrome、Opera、Safari 4 以上版本、Internet Explorer 9 以上版本都已支持 HTML5。

HTML5 中有以下这些新特性：

- 用于绘画的 canvas 元素；
- 用于媒介回放的 video 和 audio 元素；
- 对本地离线存储更好的支持；
- 新的特殊内容元素，如 article、footer、header、nav、section；
- 新的表单控件，如 calendar、date、time、email、url、search。

4.2 HTML 文档的基本组成

打开 Dreamweaver，新建一个 HTML 类型的文档，不输入任何内容，在 Dreamweaver 的代码视图中，会看到如下代码：

```
<!doctype html>
<html>
<head>
    <meta charset="utf-8">
```

```
    <title>无标题文档</title>
</head>
<body>
</body>
</html>
```

代码解释：

- <!doctype html>表示采用 HTML5 语法。<!doctype>声明必须位于 HTML5 文档中的第一行，也就是位于<html>标签之前。该标签告知浏览器文档所使用的 HTML 规范。在所有 HTML 文档中规定 doctype 是非常重要的，这样浏览器就能了解预期的文档类型。在 HTML5 中，写法非常简单，只需要写<!doctype html>。
- <html>…</html>之间的文本描述网页；
- <head>…</head>之间是网页头部的内容，不会显示在网页中；
- <meta charset="utf-8">表示采用 utf-8 字符集；
- <title>无标题文档</title>表示网页的标题是“无标题文档”，它将显示在浏览器的标题栏中；
- <body>…</body>表示页面的主体部分，标签之间是可见的页面内容。

超文本标记语言文件以.htm（磁盘操作系统 DOS 限制的外语缩写，那时只允许扩展名为三位）或.html 为扩展名，可以使用任何能够生成 txt 类型源文件的文本编辑器来产生超文本标记语言文件，只需修改文件后缀即可。

4.2.1　<!doctype html>声明

与 HTML 文档中的其他标签不同，<!doctype> 不是 HTML 标签。它为浏览器提供一项信息（声明），即 HTML 是用什么版本编写的。例如最简单的<!doctype html>表示采用 HTML5 语法。

4.2.2　<html>标签

说明该文件是用超文本标记语言来描述的，它是文件的开头；而</html>则表示该文件的结尾，它们是超文本标记语言文件的开始标签和结尾标签。

4.2.3　<head>标签

<head></head>标签分别表示头部信息的开始和结尾。头部中包含的标签是页面的标题、序言、说明等内容，它本身不作为内容来显示，但影响网页显示的效果。

head 节包含在 html 节之中，head 节可以包含下列元素：base、link、meta、script、style、title。

1. <base>标签

<base>标签有助于把链接变得更简短、更易维护。它用来为文档中的所有链接指定一个基础 URL，为页面上的所有链接规定默认地址或默认目标。

在没有<base>标签的情况下，浏览器会从当前文档的 URL 中提取相应的元素来填写相对 URL 中的空白。

而使用<base>标签后，会使用指定的基本 URL 来解析所有的相对 URL。

例 4-1 <base>标签实例

```
<!doctype html>
<html>
<head>
    <base href="http://www.mysite.com/images" />
    <base target="_blank" />
</head>
<body>
    <img src="example.png" />
    <a href="https://www.baidu.com">打开百度</a>
</body>
</html>
```

在这个例子中，使用了<base href="http://www.mysite.com" />和<base target="_blank" />，对页面的影响是：

（1）<img src="example.png" />中，<img>标签的 src 属性是一个相对路径，因为<head>中通过 base 标签设置了链接的默认地址，所以 img 的 src 的实际地址是 http://www.mysite.com/images/example.png；

（2）<a href="https://www.baidu.com">打开百度</a>会在新标签页中打开百度页面。

2. <link>标签

<link>元素定义两个链接在一起的文档之间的关系。它最常用于把外部样式表链接进当前文档。

下例表示如何链接到一个外部样式表，这是 link 元素最常见用途之一。

例 4-2 <link>标签实例

```
<head>
<link rel="stylesheet" href="../css/main.css">
</head>
```

本例中，会引用路径中的 main.css 样式表。

3. <meta>标签

<meta>标签提供关于文档的信息。搜索引擎经常使用这些信息来为因特网上的网页编目。使用<meta>标签提供文档的关键词和说明，搜索引擎更容易搜索到页面。

另一种常见用法是使用 http-equiv 属性来让浏览器自动刷新文档。

meta 一词代表元数据（metadata），这个术语通常被解释为“关于数据的数据”。<meta>标签提供的正是关于 html 文档中的数据的数据。

例 4-3 <meta>标签实例——设置关键词

```
<meta name="keywords" content="HTML,CSS,Javascript">
```

本例通过将<meta>标签的 name 属性指定为 keywords 并将 content 属性指定为一个用逗号分隔的关键词列表，即可为搜索引擎提供线索。

例 4-4 <meta>标签实例——设置自动刷新

```
<meta http-equiv="refresh" content="5">
```

下例通过 http-equiv 属性，为其指定 refresh 值，每隔 5 秒刷新一次页面。

4. <script>标签

<script>标签在令网站更加动态、更富特色方面起着关键作用，可以用它为 HTML 文档加入脚本，以便响应用户的动作。

例 4-5　<script>标签实例

```
<script type="text/javascript">
    document.write("Hello World!")
</script>
```

本例中，在页面上显示“Hello World!”。

5. <style>标签

<style>标签的用途是为 HTML 文档创建内部样式表。

例 4-6　<style>标签实例

```
<style type="text/css">
    h1 {color:red}
    p {color:blue}
</style>
```

本例中，创建了一个内部样式表，为一级标题设置文字颜色为红色，为段落设置文字颜色为蓝色。

6. <title>标签

可以使用<title>标签为 HTML 文档设置标题，浏览器会将此标题显示在标题栏中，并用它作为书签的默认名称。

4.2.4　<body>主体内容

网页中显示的实际内容均包含在<body></body>这两个正文标签之间。正文标签又称为实体标签。

HTML5 不建议<body>标签中有任何属性，如果想给主体内容设置样式，最好在 CSS 中定义。

4.2.5　HTML 的书写格式

在书写 HTML 文档时，要注意以下几点格式要求：

（1）超文本标记语言源程序为文本文件，其列宽可不受限制，即多个标签可写成一行，甚至整个文件可写成一行。

（2）若写成多行，浏览器一般忽略文件中的回车符（标签指定除外），对文件中的空格通常也不按源程序中的效果显示。完整的空格可使用特殊符号（实体符）“ ”表示非换行空格。

（3）表示文件路径时使用符号“/”分隔，文件名及路径描述可用双引号也可不用双引号括起。

（4）标签中的标签元素用尖括号括起来，带斜杠的元素表示该标签说明结束；大多数标签必须成对使用，以表示作用的起始和结束。

（5）标签元素忽略大小写，即其作用相同；许多标签元素具有属性说明，可用参数对元素作进一步的限定，多个参数或属性项说明次序不限，其间用空格分隔即可；一个标签元素的内容可以写成多行。

（6）标签符号（包括尖括号、标签元素、属性项等）必须使用半角的西文字符，而不能使用全角字符。

（7）HTML 注释由符号“<!—”号开始，由符号“-->”结束，例如<!--注释内容-->。注释内容可插入文本中任何位置。任何标签若在其最前插入惊叹号，即被标识为注释，不予显示。

4.2.6 HTML 块级元素与内联元素

大多数 HTML 元素被定义为块级元素或内联元素。块级元素被译为 block level element，内联元素被译为 inline element。

1. HTML 块级元素

块级元素在浏览器显示时，通常会以新行来开始（和结束）。

例如：<h1>、<p>、<ul>、<table>。

2. HTML 内联元素

内联元素在显示时通常不会以新行开始。

例如：<b>、<td>、<a>、<img>。

4.3 文本内容

在定义了网页的基本结构之后，就可以向网页添加内容了。在本节，将学习如何为网页添加文字内容，并且为文本内容设置一些格式，使其更容易阅读和理解。

所有的内容都应该包含在<body></body>标签之间，在<body>之外的内容可能无法显示。

注意，使用表示文本内容的标签时，尽可能使用有意义的标签，这一点将会在本书的例子中反复提到。

4.3.1 段落：<p>

<p>是块级元素。使用<p>标签来表示段落，可以使用<p>元素标记每一个段落的边界。段落的开头用<p>表示，结尾用</p>表示。两个段落之间会自动产生一个段间距。

例 4-7 段落样例

```
<p>这是第一个段落。</p>
<p>这是第二个段落。</p>
```

页面显示如图 4-1 所示，因为 p 是块级元素，所以每个段落都从一个新行开始，段落的后面跟着一个空行的空白间隔。

这是第一个段落。

这是第二个段落。

图 4-1 段落样例

注意：HTML 的早期版本中，与大多数块级元素一致，可以通过设置 p 元素的 align 属性设置段落的对齐方式。但现在此类做法已不推荐使用，建议通过 CSS 的 text-align 属性来设置段落的对齐方式。

4.3.2　标题：<h1>、<h2>、<h3>、<h4>、<h5>、<h6>

HTML 提供了 6 个级别的标题元素，用来表示标题的相对重要程度或标题在文档层次体系中的级别。在大多数浏览器中，标题会自动显示为粗体字，并且不同级别的标题使用不同的字体大小，h1 最大，h6 最小。由于这样的默认样式，标题在过去常常被滥用，目的只是为了使用它们的呈现效果。不建议这样做，标题应该按有意义的方式使用，例如，h2 是第二重要的标题，而不是第二大的字体。

可以使用 CSS 改变标题的默认外观，包括字体大小。

例 4-8　标题实例

```
<h1>一级标题</h1>
<h2>二级标题</h2>
<h3>三级标题</h3>
<h4>四级标题</h4>
<h5>五级标题</h5>
<h6>六级标题</h6>
```

显示效果如图 4-2 所示。

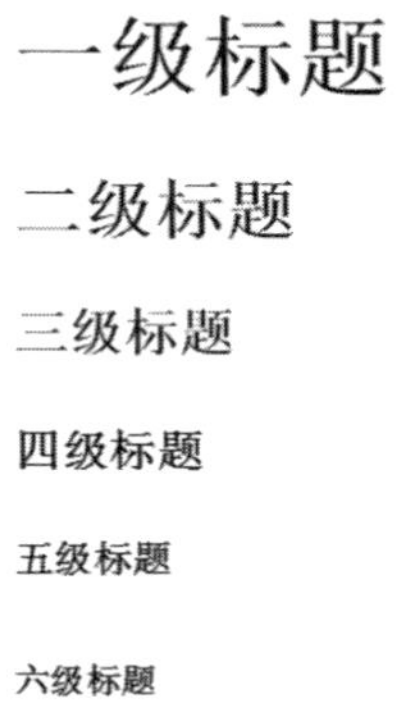

一级标题

二级标题

三级标题

四级标题

五级标题

六级标题

图 4-2　一级标题到六级标题

4.3.3　<pre>标签

在本章开头已经提到，在浏览器呈现文档时，HTML 代码中的空白会“缩合”，连续的多个空格会被缩减为一个，回车会被忽略。

例 4-9　空格缩减实例

```
<body>
<p>
    空      格      缩      减      实      例
    </p>
</body>
```

显示效果如图 4-3 所示，可以看到代码中的两个字中间的多个空格被缩减为一个。

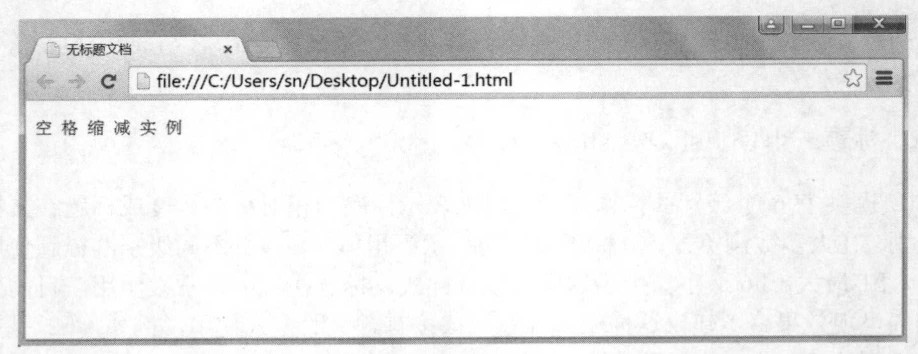

图 4-3　空格缩减效果

但有一种办法可以使其中的空白和换行得以按照代码中的原样保留，就是使用<pre>标签，尤其在显示计算机代码或诗歌这种换行和缩进非常重要的形式中。

例 4-10　使用<pre>标签显示一段 Java 代码

```
<pre>
    if (a>0) && (b>0) && (c>0) {
      if (a+b>c) && (a+c>b) && (b+c>a)
          System.out.println ("Yes");
      else
          System.out.println ("No");
    }
    else
      System.out.println ("No");
</pre>
```

页面效果如图 4-4 所示，可以看到，<pre>标签中的内容按照原样显示。

```
if  (a>0) && (b>0) && (c>0) {
   if (a+b>c) && (a+c>b) && (b+c>a)
      System.out.println ("Yes");
   else
     System.out.println ("No");
}
else
  System.out.println ("No");
```

图 4-4　使用<pre>标签的效果

4.3.4　列表

列表是两个或更多相关项的集合。在 HTML 中有三种类型的列表：无序列表<ul>、有序列表<ol>和定义列表<dl>。

从语义上来讲，三组标签分别对应不同含义的列表：

（1）无序列表适合列表项之间无级别顺序关系的情形；

（2）有序列表适合列表项之间存在顺序关系的情形；

（3）定义列表用于一个术语名对应多重定义或者多个术语名对应一个给出的定义，也可以只有术语名称或只有定义，也就是说<dt>与<dd>在其中数量不限，对应关系不限。

1. 无序列表

无序列表使用 ul 元素表示，用于列表项顺序不太重要的列表，使用 li 元素来表示列表项。

ul 元素是块级元素，其子元素只能是 li 元素，文本和其他元素不能直接出现在 ul 中，而只能被包含在 li 中。例如下面的写法：

```
<ul>这是一个列表
    <li>列表项 1</li>
    <li>列表项 2</li>
</ul>
```

是错误的。

无序列表项的默认样式是黑色实心点，可以通过设置 type 属性改变列表显示类型，但不推荐使用该属性，而建议在 CSS 中设置列表样式。

例 4-11　无序列表实例

```
<ul>
<li>Coffee</li>
<li>Tea</li>
<li>Milk</li>
</ul>
```

显示效果如图 4-5 所示。

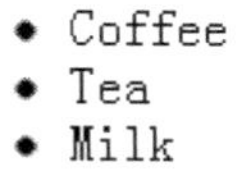

- Coffee
- Tea
- Milk

图 4-5　无序列表

2. 有序列表

有序列表是一列使用数字进行标记的项目，用于列表项顺序比较重要的列表，同样使用 li 元素来表示列表项。

例 4-12　无序列表实例

```
<ol>
<li>开始部分</li>
<li>次要部分</li>
<li>结尾部分</li>
</ol>
```

显示效果如图 4-6 所示。

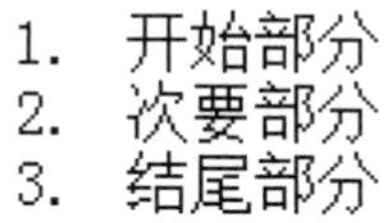

1. 开始部分
2. 次要部分
3. 结尾部分

图 4-6　有序列表

3. 定义列表

定义列表语义上表示项目及其注释的组合，用<dl>标签表示，自定义列表项用<dt>表示，自定义列表项的定义用<dd>表示。

例 4-13　定义列表实例

```
<dl>
<dt>CSS</dt>
<dd>CSS 概念</dd>
<dd>CSS 应用</dd>
<dd>CSS3 新特性</dd>
</dl>
```

显示效果如图 4-7 所示。

CSS
　　CSS概念
　　CSS应用
　　CSS3新特性

图 4-7　定义列表

4. 列表的嵌套

列表项中除了可以包含文本和其他元素外，也可以包含新的列表，即列表的嵌套。

例 4-14　列表嵌套实例

```
<ul>
    <li>爬行动物</li>
    <li>哺乳动物
        <ol>
            <li>猫</li>
            <li>狗</li>
            <li>兔</li>
        </ol>
    </li>
</ul>
```

显示效果如图 4-8 所示。

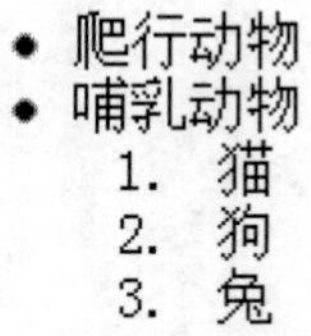

- 爬行动物
- 哺乳动物
    1. 猫
    2. 狗
    3. 兔

图 4-8　列表嵌套

4.3.5　换行：

网页中的长文本行会在抵达容器边缘时自动换行，但有时可能需要强迫文本在某一位置换行，使用 br 元素即可实现自动换行。它是一个空元素，没有文本内容，只由一个标签
组成。

注意：在 HTML5 中，要求无内容标签不闭合，因此标签
不闭合，也就是说，不要写成
。类似的还有<img>等标签。而在 HTML5 之前的版本中，则需要标签闭合。

例 4-15　换行实例

```
<body>
  强迫换行的例子<br>
  能否看到已经换行了？
</body>
```

显示效果如图 4-9 所示。

强迫换行的例子
能否看到已经换行了？

图 4-9　换行的效果

4.3.6　水平线

水平线用<hr>标签来表示，用于创建一条横线，作为不同部分内容之间的分隔线。它是一个无内容标签，因此，与
标签一样，在 HTML 中，水平线标签也不需要闭合。

由于<hr>标签是块级元素，所以它会独自占据一行，但是它上方和下方的空间大小因浏览器而异，在旧版本中，可以通过设置 size、width 等属性来改变水平线的样式，但推荐使用 CSS 来设置水平线样式。

例 4-16　水平线实例

```
<body>
  水平线实例
<hr>
</body>
```

显示效果如图 4-10 所示。

水平线实例

图 4-10　水平线

4.3.7　层标签：<div>

<div>标签在文档中创建一个逻辑部分，可用于组合其他 HTML 元素。<div>特别适合把内容组织为较大的块，以方便使用 CSS 定义样式或用脚本进行操作。<div>标签块级元素，可以包含文本和其他元素，包括块级元素和内联元素。

<div>标签没有特定的含义。在 HTML5 中，建议使用<header>、<footer>、<article>等富有意义的标签。

<div>标签的另一个常见的用途是文档布局。它取代了使用表格定义布局的老式方法。使用<table>标签进行文档布局不是表格的正确用法，<table>标签的作用是显示表格化的数据。当然，由于<div>标签没有特定的含义，因此滥用<div>标签进行文档布局也是不可取的。

4.3.8　<span>标签

<span>标签是内联元素，可用作文本的容器。<span>标签也没有特定的含义。

当与 CSS 一同使用时，<span>标签可用于为部分文本设置样式属性。

例 4-17 <span>标签实例

```
<h1>这里是标题一的内容<span style="color:red">这里可以设置为与标题一不同的样式</span>
</h1>
```

在本例中，将文字“这里可以设置为与标题一不同的样式”设置为红色字体。

4.3.9 转义字符

HTML 中“<”“>”“&”等有特殊含义（<、>用于标签，&用于转义），不能直接使用。这些符号是不显示在我们最终看到的网页里的。如果希望在网页中显示这些符号，就需要用到转义字符，如表 4-1 所示。

在 HTML 中，定义转义字符的原因有两个：第一个原因是，像“<”和“>”这类符号已经用来表示 HTML 标签，因此不能直接当作文本中的符号来使用。为了在 HTML 文档中使用这些符号，就需要定义它的转义字符。当解释程序遇到这类字符时就把它解释为真实的字符。在输入转义字符时，要严格遵守字母大小写的规则。第二个原因是，有些字符在 ASCII 字符集中没有定义，因此需要使用转义字符来表示。

转义字符分成三部分：第一部分是一个&符号；第二部分是实体（Entity）名字或者#加上实体（Entity）编号；第三部分是一个分号。

例如，要显示小于号（<），可以写“<”或者“<”。表 4-1 中列出了常用的转义字符。

表 4-1 转义字符列表

显示	说明	实体名称	实体编号
	半角空格		
	全角空格		
	不断行的空白格		
<	小于	<	<
>	大于	>	>
&	&符号	&	&
"	双引号	"	"
©	版权	©	©
®	已注册商标	®	®
™	商标（美国）	™	™
×	乘号	×	×
÷	除号	÷	÷

注意：由于反斜杠本身用作转义字符，因此不能直接在脚本中键入一个反斜杠。如果要产生一个反斜杠，必须一起键入两个反斜杠（\\）。

4.3.10　其他

在 HTML 中，还有一些其他标签与文字内容相关，如：

- <abbr>标签：定义缩写。

例 4-18　<abbr>实例

```
<p><abbr title="Uniform Resoure Locator">URL</abbr>是统一资源定位符的缩写。</p>
```

显示效果如图 4-11 所示。在鼠标滑过 URL 时，出现提示“Uniform Resoure Locator”。

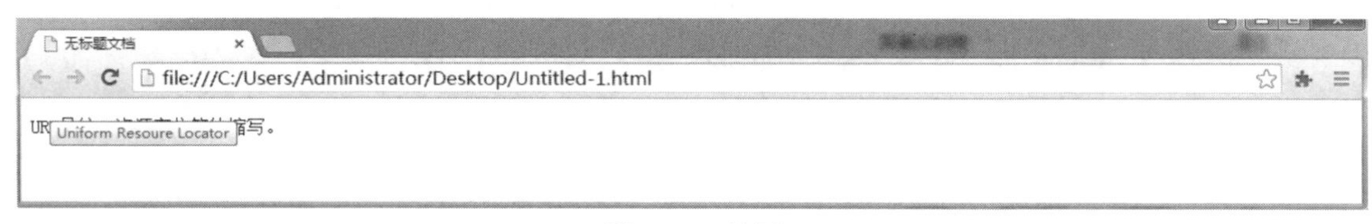

图 4-11　缩写

- <address>标签：定义文档或文章的作者/拥有者的联系信息。
- <b>标签：使文字加粗。
- <i>标签：使文字倾斜。
- <blockquote>标签：定义块引用。
- <cite>标签：对某个参考文献的引用，以斜体显示。
- <em>标签：把文本定义为强调的内容。
- <big>标签：使文本呈现大号字体效果。
- <small>标签：使文本呈现小号字体效果。
- <strong>标签：把文本定义为语气更强的强调内容。

在使用<em>、<strong>、<big>、<small>等标签时需要注意，这些标签大多会呈现出特殊的样式，如果只是为了达到某种视觉效果，建议使用样式表而不是标签，应该只有在需要表达特有的意义才使用它们。

4.4　多媒体内容

本节将学习如何向网页中添加图片、音频、视频等多媒体内容，使网页变得更加丰富多彩。

4.4.1　图像

图像有装饰的作用，也有交流的功能。很多时候，有些概念更适合于用图像来传达，例如照片、插图、图标、地图、图表等，单靠文本无法将人的想法完全传达。

但是要时刻记住，完全起装饰作用的图像应该使用 CSS 附加到页面上，以实现表现形式与内容的分离。

1. 前景图像

使用<img>标签在网页中插入图像。从技术上讲，图像并不会插入 HTML 页面中，而是链接到 HTML 页面上。

img 是 image（图像）的缩写。使用<img>标签的格式如下：

```
<img 属性名="属性值" … />
```

<img>标签的属性如表 4-2 所示。

表 4-2 <img>标签的属性

属性	值	描述
alt	text	规定图像的替代文本
src	URL	规定图像的 URL，即图片的路径
height	● pixels ● %	规定图像的高度
width	● pixels ● %	规定图像的宽度

在 HTML5 中，只有 src 和 alt 属性是必需的，其他属性都是可选的。如果该图像无法显示，则用 alt 属性规定图像的替代文本。当用户无法查看图像时（可能由于网速太慢、错误的 src 属性，或者用户使用的是屏幕阅读器），alt 属性为图像提供了替代的文本。

例 4-19 前景图像实例

```
<img src="images/lion.jpg" width="80" height="100" alt="使用狮子图像表示前端设计狮的身份"/>
```

显示效果如图 4-12 所示。在本例中，在网页中插入了一副前景图像，图像的源文件是"images/lion.jpg"，宽为 80 像素，高为 100 像素，替代文本为"使用狮子图像表示前端设计狮的身份"。

图 4-12 前景图像

2. 背景图像

可以通过设置 CSS 的样式为网页添加背景图像。

（1）设置纯色背景。背景 background 可以设置对象为纯色的背景颜色。

（2）设置图片背景。可以设置对象背景为图片，如果背景是图片，可以让图片重复平铺，或将图片作为对象背景固定在对象任何位置。

具体应用参见 CSS 的章节。

4.4.2 音频

目前，大多数在线音频是通过插件（例如 Flash）来播放的。但并非所有浏览器都拥有同样的插件，我们经常会遇到一种情况，就是当打开某个包含视频内容的网站时，要求下载并安装用于播放视频的插件。

在 HTML5 中，规定了一种通过<audio>标签来包含音频的标准方法，能够播放声音文件或者音频流，而无需安装任何插件。

在网页中插入一个<audio>标签，代码表示为：

```
<audio controls></audio>
```

其中，controls 属性供添加播放、暂停和音量控件。<audio>与</audio>之间插入的内容是供不支持<audio>标签的浏览器显示的。

在“属性”面板中，可以设置<audio>标签的相关属性，如音频的 URL、是否使用控件、是否自动播放等。

4.4.3　<audio>标签的属性

<audio>标签的属性如表 4-3 所示。

表 4-3　<audio>标签的属性

属性	值	描述
autoplay	autoplay	如果出现该属性，则音频在就绪后马上播放
controls	controls	如果出现该属性，则向用户显示控件，比如播放按钮
loop	loop	如果出现该属性，则每当音频结束时重新开始播放
preload	preload	如果出现该属性，则音频在页面加载时进行加载，并预备播放 如果使用 autoplay，则忽略该属性
src	url	要播放的音频的 URL

例 4-20　在网页中插入音频的实例

```
<audio controls autoplay >
<source src="Windows Notify.wav"type="audio/wav">
</audio>
```

在支持 HTML5 的浏览器中，页面显示效果如图 4-13 所示，由于设置了 autoplay，打开该页面后，会自动播放音频。

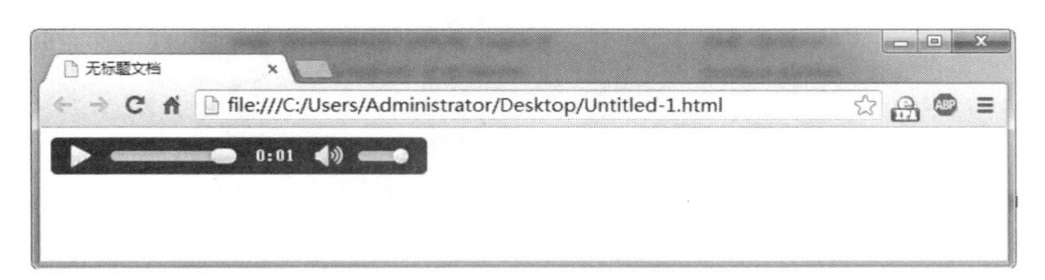

图 4-13　在网页中插入音频

4.4.4　视频

目前，仍然不存在一项旨在网页上显示视频的标准。大多数视频是通过插件（比如 Flash）来显示的，但并非所有浏览器都拥有同样的插件。HTML5 规定了一种通过<video>标签来包含视频的标准方法。

当前，<video>标签支持三种视频格式，如表 4-4 所示。

表 4-4 不同浏览器对<video>标签的支持

格式	IE	Firefox	Opera	Chrome	Safari
Ogg	No	3.5+	10.5+	5.0+	No
MPEG 4	9.0+	No	No	5.0+	3.0+
WebM	No	4.0+	10.6+	6.0+	No

Ogg=带有 Theora 视频编码和 Vorbis 音频编码的 Ogg 文件。

MPEG4=带有 H.264 视频编码和 AAC 音频编码的 MPEG4 文件。

WebM=带有 VP8 视频编码和 Vorbis 音频编码的 WebM 文件。

在网页中插入视频的代码格式为：

```
<video controls></video>
```

controls 属性供添加播放、暂停和音量控件。

<video>与</video>之间插入的内容是供不支持<video>标签的浏览器显示的。

例 4-21　插入视频实例

```
<video width="320" height="240" controls="controls">
<source src="movie.ogg" type="video/ogg">
<source src="movie.mp4" type="video/mp4">
您的浏览器不支持 video 标签。
</video>
```

在支持 HTML5 的浏览器中，显示效果如图 4-14 所示。

图 4-14　在网页中插入视频

而在不支持 HTML5 的浏览器中（例如 IE8），则会显示“您的浏览器不支持 video 标签。”

这个例子也说明，<video>标签允许多个<source>标签。<source>标签可以链接不同的视频文件。浏览器将使用第一个可识别的格式。

4.4.5　<video>标签的属性

<video>标签的属性如表 4-5 所示。

表 4-5　<video>标签的属性

属性	值	描述
autoplay	autoplay	如果出现该属性，则视频在就绪后马上播放
controls	controls	如果出现该属性，则向用户显示控件，比如播放按钮
height	pixels	设置视频播放器的高度
loop	loop	如果出现该属性，则当媒体文件完成播放后再次开始播放
preload	preload	如果出现该属性，则视频在页面加载时进行加载，并预备播放 如果使用 autoplay，则忽略该属性。
src	url	要播放的视频的 URL
width	pixels	设置视频播放器的宽度

4.5　超链接

超链接是网站中使用比较频繁的 HTML 元素，因为网站的各种页面都是由超链接串接而成，超链接完成了页面之间的跳转。

4.5.1　文字添加链接

超链接的标签是<a>。添加了链接后的文字有其特殊的样式，以和其他文字区分，默认链接样式为蓝色文字，有下划线。超链接一般用来跳转到另一个页面，<a>标签最重要的属性是 href，它指定新页面的地址。href 指定的地址一般使用相对地址。

例 4-22　为文字添加超链接实例

```
<a href="http://www.baidu.com">这个链接将打开百度首页</a>
```

网页显示效果如图 4-15 所示。单击该链接后，会在当前窗口打开百度首页。

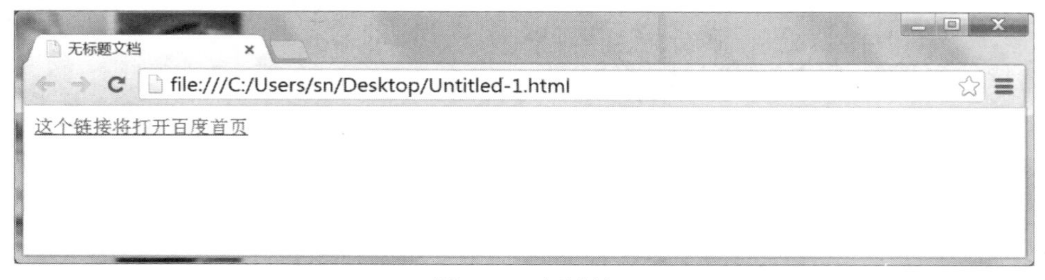

图 4-15　超链接

例 4-23　跳转到一个相对地址的超链接

```
<a href="other.html">这个链接将打开 other.html</a>
```

单击这个链接，页面将跳转到同一目录下的的 other.html 页面。当单击浏览器的“后退”按钮，回到跳转前的页面时，文字链接的颜色变成了紫色，用于告诉浏览者，此链接已经被访问过。

4.5.2　修改链接的窗口打开方式

默认情况下，超链接打开新页面的方式是在当前窗口打开，即覆盖当前页面，也可以根据需要指定超链接打开新窗口的方式。<a>标签提供了 target 属性进行设置，取值分别为_self（自我覆盖，默认）、_blank（创建新窗口打开新页面）、_top（在浏览器的整个窗口打开，将会忽略所有的框架结构）、_parent（在上一级窗口打开）。

4.5.3 给链接添加提示文字

很多情况下，超链接的文字不足以描述所要链接的内容，<a>标签提供了 title 属性，能很方便地给浏览者做出提示。title 属性的值即为提示内容，当浏览者的光标停留在超链接上时，提示内容才会出现，这样不会影响页面排版。

例 4-24　为超链接添加提示文字的实例

```
<a href="other.html" target="_blank" title="点击这个链接后将跳转到 other.html 页面，鼠标停在链接上会看到这个提示信息">跳转到另一个页面</a>
```

页面显示效果如图 4-16 所示。

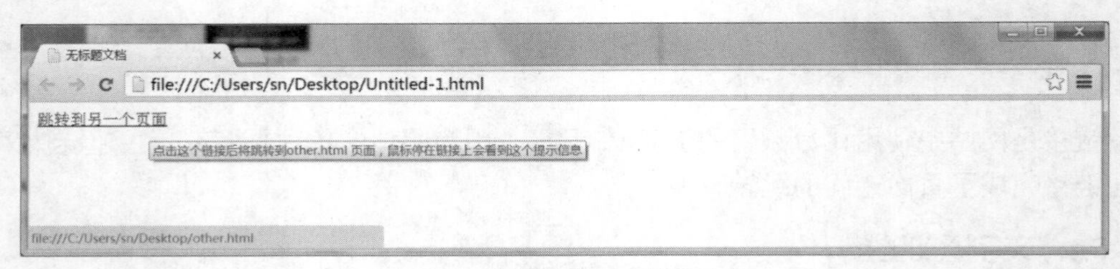

图 4-16　为超链接添加提示文字

4.5.4 锚

很多网页内容比较多，导致页面很长，浏览者需要不断地拖动浏览器的滚动条才能找到需要的内容。超链接的锚功能可以解决这个问题，锚（anchor）是引自于船只上的锚，锚被抛下后，船只的位置就被固定。锚常常用于那些内容庞大繁琐的网页，通过单击命名锚点，不仅能指向文档，还能指向页面里的特定段落，更能当作精准链接的便利工具，让链接对象接近焦点，便于浏览者查看网页内容。这类似于我们阅读书籍时的目录页码或章回提示。在需要指定到页面的特定部分时，标记锚点是最佳的方法。

在 HTML5 中，<a>标签不再支持 name 属性，而是使用 id 属性来定义锚点。

例 4-25　锚的实例

```
<!doctype html>
<html>
<head>
<meta charset="utf-8">
<title>锚的实例</title>
</head>

<body>
<div id="top">HTML5 锚点</div>
<div style="background-color:#95a1ff; width:100%;height:1000px;">滚动鼠标使页面向下</div>
<a href="#top">回到顶部</a>
</body>
</html>
```

在本例中，定义了一个锚点，其 id 为 top，通过<a href="#top">设置了到锚点的超链接，因此在单击“回到顶部”链接时，会跳转到页面上“HTML5 锚点”处。

4.5.5　电子邮件链接

超链接也提供了电子邮件的链接。完成链接到电子邮件的功能只需要修改超链接的 href 值。发电子邮件的格式为：

```
<a href = "mailto:邮件地址">给我发 E-mail</a>
```

这里的邮件地址必须完整，如 book@gmail.com。

4.6　表格

在网页中，表格是一种经常使用的元素，表格中可以包含任何元素，如文字、图像、表单、超链接等，也可嵌套表格。

使用<table>标签可定义表格。在<table>标签内部，可以放置表格的标题、表格行、表格列、表格单元以及其他的表格。

表格在描述表格类数据时很有用。需要特别注意，表格类数据是指适合组织为表格格式（即按行和列组织）的数据。以前，在网页文档中，常使用表格进行网页布局，但注意，这是错误的用法。另外一点要注意的是，要尽可能把表格的样式和表格的数据分开，使用 CSS 来定义表格的样式。

4.6.1　定义和用法

一个简单的 HTML 表格包括<table>标签，一个或多个<tr>、<th>以及<td>标签。<tr>标签定义表格行，<th>标签定义表头，<td>标签定义表格单元。更复杂的 HTML 表格也可能包含<caption>、<col>、<colgroup>、<thead>、<tfoot>、<tbody>等标签。

例 4-26　简单表格实例

```
<table border="1">
    <tr>
        <th>月份</th>
        <th>存款</th>
    </tr>
    <tr>
        <td>一月</td>
        <td>1000 元</td>
    </tr>
    <tr>
        <td>二月</td>
        <td>1200 元</td>
    </tr>
    <tr>
        <td>三月</td>
        <td>1100 元</td>
    </tr>
</table>
```

页面显示效果如图 4-17 所示。

在一些浏览器中，没有内容的表格单元显示得不太好。如果某个单元格是空的（没有内容），浏览器可能无法显示出这个单元格的边框。为了避免这种情况，在空单元格中添加一个空格占位符“ ”，就可以将边框显示出来。

月份	存款
一月	1000 元
二月	1200 元
三月	1100 元

图 4-17　简单表格

4.6.2　表格标题

<caption>标签定义表格的标题，它必须直接放置到<table>标签之后。每个表格只能规定一个标题，通常标题会居中显示在表格上方。

例 4-27　表格标题实例

```
<table border="1">
    <caption>每月的存款</caption>
    <tr>
        <th>月份</th>
        <th>存款</th>
    </tr>
    <tr>
        <td>一月</td>
        <td>1000 元</td>
    </tr>
    <tr>
        <td>二月</td>
        <td>1200 元</td>
    </tr>
    <tr>
        <td>三月</td>
        <td>1100 元</td>
    </tr>
</table>
```

页面显示效果如图 4-18 所示。

每月的存款

月份	存款
一月	1000 元
二月	1200 元
三月	1100 元

图 4-18　表格标题

4.6.3　表头和表尾

<thead>标签定义表格的表头，<tfoot>标签定义表格的表尾。

<thead>、<tfoot>以及<tbody>标签可以对表格中的行进行分组，使得创建某个表格时拥有一个标题行、一些带有数据的行，以及位于底部的一个总计行。这种划分使浏览器有能力支持独立于表格标题和页脚的表格正文滚动。当长的表格被打印时，表格的表头和表尾可被打印在包含表格数据的每张页面上。

4.6.4　<tr>、<th>和<td>

<tr>标签定义表格中的行，一个<tr>标签包含一个或多个<td>或<th>标签。

<th>标签定义 HTML 表格中的表头单元格。

<td>标签定义 HTML 表格中的标准单元格。

HTML 表格有两种单元格类型：

- 表头单元格——包含头部信息（由<th>标签创建）
- 标准单元格——包含数据（由<td>标签创建）

<th>标签中的文本呈现为粗体并且居中。<td>标签中的文本是普通的左对齐文本。

4.6.5　合并单元格

合并单元格需要用到单元格的 colspan 和 rowspan 属性。

例 4-28　合并单元格实例——使用 rowspan 属性横跨两行

```
<table border="1">
    <tr>
    <th>姓名</th>
    <td>Bill Gates</td>
    </tr>
    <tr>
    <th rowspan="2">电话</th>
    <td>555 77 854</td>
    </tr>
    <tr>
    <td>555 77 855</td>
    </tr>
</table>
```

姓名	Bill Gates
电话	555 77 854
	555 77 855

图 4-19　跨行合并单元格

页面显示效果如图 4-19 所示。

跨列合并单元格与此例类似，不同的是需要使用 colspan 属性。

在本节中并未展示如何为表格添加背景颜色、背景图片、设置文字样式等，那是样式表的工作。请始终牢记 HTML 的原则，将内容与表现相分离。

4.7　表单

表单（Form）是 HTML 的一个重要部分，主要用于采集和提交用户输入的信息。正是有了表单，才使得网站的用户不是被动地接受信息，而是参与到信息的交流过程中。表单是用户对网站的反馈。表单最简单的定义是网页上供用户输入信息的区域（有时也用于显示信息，而不仅是收集信息），访问者可以在此区域内输入文字，通过单击一些小框进行选择或在下拉列表中进行选择，最后单击一个按钮，把这些信息提交给服务器处理。这些交互性的元素就是表单控件。

表单提交给服务器后，所有的数据会交给后台程序处理，这些内容超出本书范围，本书中不做讨论。

4.7.1　表单的定义

表单是一个包含表单元素的区域。表单元素是允许用户在表单中（如文本域、下拉框、单选按钮、复选框等）输入信息的元素。

表单使用<form>标签定义。

```
<form>
...
  input  元素
...
</form>
```

例 4-29　简单表单实例

```
<form action="form_action.html" method="get">
<p>Username: <input type="text" name="username"></p>
<p>Password: <input type="password" name="password"></p>
<input type="submit" value="Submit">
</form>
```

页面显示效果如图 4-20 所示。在这个表单中，包含一个文本框和一个密码框，以及一个 Submit 按钮。这些内容都要包含在<form>标签中。

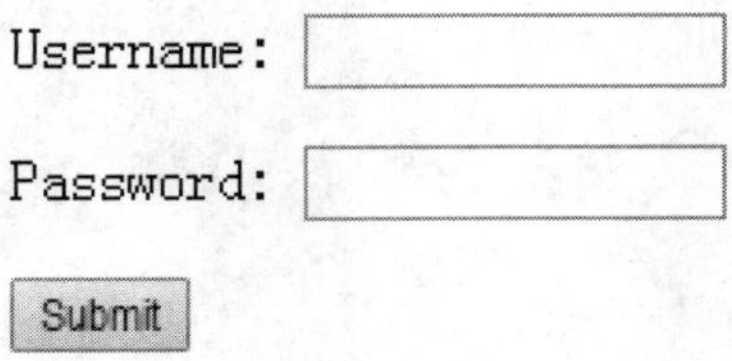

Username:

Password:

Submit

图 4-20　表单

注意：表单本身并不可见。也就是说，当<form>中没有任何元素时，网页上看不到任何内容。

整个表单都包含在一个<form>标签中，这个标签是用来包含那些生成表单控件的专用元素的容器。表单控件包括文本框、单选按钮、复选框、下拉框和按钮等。提交表单时，所有控件的值都以名称/值对的形式，作为数据集的一部分发送给服务器。因此，每个控件都应该具有一个 name 属性，以便与其值配对。

<form>标签最重要的属性是 action，它规定了当提交表单时向何处发送表单数据。

在 HTML5 中，有两个新增属性，分别是 autocomplete 和 novalidate。autocomplete 属性规定是否启用表单的自动完成功能，如果使用 novalidate 属性，则提交表单时不进行验证。

许多常见的表单控件都使用<input>标签，而用不同的 type 属性区别不同类型。因为 input 是内联元素，所以这种控件可以几个并排出现在一行。

<input>是无内容标签，在 HTML5 中，标签不应该闭合，即不需要“/”，但闭合也不会出现语法错误。

4.7.2　文本框

单行文本输入框允许用户输入一些简短的单行信息，例如：

```
<input type="text" name="username">
```

4.7.3　文本域（多行文本）

<textarea>标签定义多行的文本输入控件。

文本域中可容纳无限数量的文本，可以通过 cols 和 rows 属性来规定文本域的尺寸，不过更好的办法是使用 CSS 的 height 和 width 属性。

例 4-30　文本域实例

```
<textarea rows="10" cols="30"></textarea>
```

显示效果如图 4-21 所示。

图 4-21　多行文本

4.7.4　标签

在表单中常常会用到<label>标签。<label>没有任何样式效果，有触发对应表单控件功能。单击<label>标签文字时，对应控件被选择，需要对应表单控件 id 的值与 label 标签内的 for 值相同。

例 4-31　标签实例

```
<form action="" method="get">
    性别：<br />
        <input name="sex" id="man" type="radio" value="" checked/>
        <label for="man">男</label>
        <input name="sex" id="woman" type="radio" value="" />
        <label for="woman">女</label>
</form>
```

页面显示效果如图 4-22 所示。

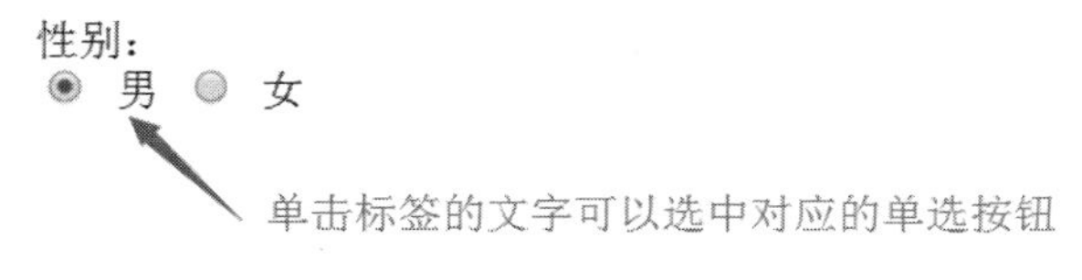

图 4-22　标签实例

4.7.5　密码框

密码框看起来和文本框类似，不同的是密码框会隐藏输入的文本，而使用一串星号或实心圆点代替。这是为了保护用户的隐私，防止输入密码时被泄露。但这是一种很薄弱的安全措施，一个真正安全的表单应该在被提交到服务器时对密码进行加密。

在例 4-29 中已经包含了密码框的实例。

4.7.6 单选按钮

当用户从若干给定的选择中选取其一时，就会用到单选按钮。

例 4-32 单选按钮实例

```
<form>
    <input type="radio" name="sex" value="male"checked /> Male
    <br />
    <input type="radio" name="sex" value="female" /> Female
</form>
```

页面显示效果如图 4-23 所示。

Male
Female

图 4-23 单选按钮

使用单选按钮时，用 checked 表示缺省已选的选项。注意，只能从中选取其一。当用户选择一个单选按钮时，该按钮会变为选中状态，其他所有按钮会变为非选中状态。

4.7.7 复选框

复选框允许用户在一组选项里选择多个。属性 checked 表示当前选项被选中。

例 4-33 复选框实例

```
<form>
    <input type="checkbox" name="Run" checked>我喜欢跑步。<br />
    <input type="checkbox" name="Swim">我喜欢游泳。
</form>
```

页面显示效果如图 4-24 所示。

我喜欢跑步。
我喜欢游泳。

图 4-24 复选框

4.7.8 下拉框

<select>标签定义下拉框。下拉框既可以用作单选，也可以用作复选。<option>标签表示下拉框中的一个选项，并且用“selected="selected"”表示该选项被选中。缺省时选中第一项。

例 4-34 用作单选的下拉框实例

```
<select name="fruit">
    <option value="apple">苹果</option>
    <option value="orange">桔子</option>
    <option value="mango">芒果</option>
</select>
```

图 4-25 下拉框

页面显示效果如图 4-25 所示。

如果要变成复选，加 multiple 即可。用户用 Ctrl 键来实现多选。

例 4-35 用作多选的下拉框实例

```
<select name="fruit" multiple>
```

```
    <option value="apple">苹果</option>
    <option value="orange">桔子</option>
    <option value="mango">芒果</option>
</select>
```

页面显示效果如图 4-26 所示。

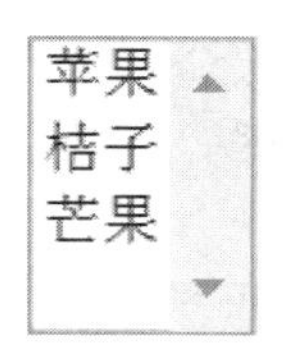

图 4-26　多选的下拉框

4.7.9　按钮

有几种方法可以定义按钮：

（1）使用<input>标签，格式是<input type="button">，这种方法定义了一个普通类型的按钮。

（2）使用<input>标签，与前一种不同，格式是<input type="submit">，这样可以定义一个提交类型的按钮。若想让按钮响应 Enter 键，必须设置 type="submit"。

（3）使用<button>标签定义一个按钮。在<button>标签内部，可以放置内容，比如文本或图像。这是<button>标签与<input>标签创建的按钮之间的不同之处。

<button>控件与<input type="button">相比，提供了更强大的功能和更丰富的内容。<button>与</button>标签之间的所有内容都是按钮的内容，其中包括任何可接受的正文内容，比如文本或多媒体内容。例如，可以在按钮中包括一个图像和相关的文本，用它们在按钮中创建一个吸引人的标记图像。

唯一禁止使用的元素是图像映射，因为它对鼠标和键盘的动作敏感会干扰表单按钮的行为。

要注意的是，应该始终为按钮规定 type 属性。IE 的默认类型是 button，而其他浏览器（包括 W3C 规范）的默认值是 submit。

4.7.10　文件上传

<input type="file" />用于创建专用的文件上传控件，用户可以用它指定一个位于自己计算机硬盘或局域网上的文件。可以单击“选择文件”按钮在文件浏览器中选择。用户通过文件浏览器选择一个文件后，其文件名会显示在控件中。

例 4-36　文件上传实例

```
<form>
<input type="file">
</form>
```

页面显示效果如图 4-27 所示。

选择文件　未选择任何文件

图 4-27　文件上传实例

4.7.11　隐藏字段

<input type="hidden" />定义隐藏字段。隐藏字段对于用户是不可见的。隐藏字段通常会存储一个默认值，它们的值也可以由 JavaScript 进行修改。

4.8　HTML5 表单新特性

这里专门用一节来讲解 HTML5 在表单方面的全新表现。

HTML5 拥有多个新的表单输入类型。这些新特性提供了更好的输入控制和验证。

这些输入类型有：

- email
- url
- number
- range
- datepickers (date, month, week, time, datetime, datetime-local)
- search
- color

浏览器对这些新输入类型的支持见表 4-6。

表 4-6 浏览器对这些新输入类型的支持

输入类型	IE	Firefox	Opera	Chrome	Safari
email	No	4.0	9.0	10.0	No
url	No	4.0	9.0	10.0	No
number	No	No	9.0	7.0	No
range	No	No	9.0	4.0	4.0
datepickers	No	No	9.0	10.0	No
search	No	4.0	11.0	10.0	No
color	No	No	11.0	No	No

注：虽然有些浏览器不支持某些输入类型，但仍然可以在所有主流的浏览器中使用它们。即使不被支持，也可以显示为常规的文本域。

4.8.1 input 类型——email

email 类型用于应该包含 E-mail 地址的输入域。

在提交表单时，会自动验证 email 域的值。

代码为：

```
<input type="email">
```

4.8.2 input 类型——url

url 类型用于应该包含 URL 地址的输入域。

在提交表单时，会自动验证 url 域的值。

代码为：

```
<input type="url">
```

4.8.3 input 类型——number

number 类型用于应该包含数值的输入域。

代码为：

```
<input type="number">
```

还能够设定对所接受的数字的限定，number 类型的属性如表 4-7 所示。

表 4-7　number 类型的属性

属性	值	描述
max	number	规定允许的最大值
min	number	规定允许的最小值
step	number	规定合法的数字间隔（如果 step="3"，则合法的数是 -3,0,3,6 等）
value	number	规定默认值

4.8.4　input 类型——range

range 类型用于应该包含一定范围内数字值的输入域，通常显示为滑动条。

代码为：

```
<input type="range">
```

range 类型的属性如表 4-8 所示。

表 4-8　range 类型的属性

属性	值	描述
max	number	规定允许的最大值
min	number	规定允许的最小值
step	number	规定合法的数字间隔（如果 step="3"，则合法的数是 -3,0,3,6 等）
value	number	规定默认值

4.8.5　input 类型——datepickers（日期选择器）

HTML5 拥有多个可供选取日期和时间的新输入类型：

- date——选取日、月、年
- month——选取月、年
- week——选取周和年
- time——选取时间（小时和分钟）
- datetime——选取时间、日、月、年（UTC 时间）
- datetime-local——选取时间、日、月、年（本地时间）

代码为：

```
<input type="month">
```

或

```
<input type="week">
<input type="date">
<input type="time">
<input type="datetime">
<input type="datetime-local">
```

4.8.6 input 类型——search

search 类型用于搜索域，比如站点搜索或 Google 搜索，常显示为常规的文本域。

代码为：

```
<input type="search">
```

4.9 HTML5 表单新属性

HTML5 所支持的新的 form 属性包括：

- autocomplete
- novalidate

新的 input 属性包括：

- autocomplete
- autofocus
- form
- form overrides (formaction, formenctype, formmethod, formnovalidate, formtarget)
- height 和 width
- list
- min,max 和 step
- multiple
- pattern
- placeholder
- required

4.9.1 autocomplete 属性

autocomplete 属性规定 form 或 input 域拥有自动完成功能。

注释：autocomplete 适用于<form>标签及 text、search、url、telephone、email、password、datepickers、range、color 等类型的<input>标签。

当用户在自动完成域中开始输入时，浏览器在该域中显示填写的选项。

4.9.2 autofocus 属性

autofocus 属性规定在页面加载时，域自动地获得焦点。

注释：autofocus 属性适用于所有<input>标签的类型。

4.9.3 min、max 和 step 属性

min、max 和 step 属性用于为包含数字或日期的 input 类型规定限定（约束）。

max 属性规定输入域所允许的最大值。

min 属性规定输入域所允许的最小值。

step 属性为输入域规定合法的数字间隔（如果 step="3"，则合法的数是-3、0、3、6 等）。

注释：min、max 和 step 属性适用于 datepickers、number 及 range 等类型的<input>标签。

下面的例子显示一个数字域，该域接受介于 0 到 10 之间的值，且步进为 3（即合法的值为 0、3、6 和 9）。

例 4-37　数字域实例

```
Points: <input type="number" name="points" min="0" max="10" step="3" />
```

页面显示效果如图 4-28 所示。

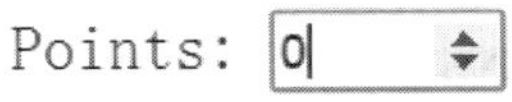

图 4-28　数字域

4.9.4　placeholder 属性

placeholder 属性提供一种提示（hint），描述输入域所期待的值。

注释：placeholder 属性适用于 text、search、url、telephone、email 及 password 等类型的<input>标签。

提示（hint）会在输入域为空时显示出现，会在输入域获得焦点时消失。

例 4-38　placeholder 属性实例

```
<input type="search" name="search"placeholder="输入关键词…" />
```

页面显示效果如图 4-29 所示。

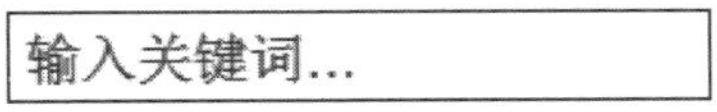

图 4-29　placeholder 属性

4.9.5　required 属性

required 属性规定必须在提交之前填写输入域（不能为空）。

注释：required 属性适用于 text、search、url、telephone、email、password、datepickers、number、checkbox、radio 及 file 等类型的<input>标签。

例 4-39　required 属性实例

```
<form>
    Name: <input type="text" name="username" required="required" />
    <input type="submit">
</form>
```

如果文本框中不输入任何内容，提交表单时，会给出错误提示，如图 4-30 所示。

图 4-30　required 属性实例

4.10 其他 HTML5 元素

除表单、音频、视频外，HTML5 还提供了其他元素，如更具语义性的布局元素、画布、数据本地存储、数据列表、离线应用、元素拖放等。本节重点介绍和静态页面制作相关的元素。

4.10.1 布局元素

HTML5 新增了语义化标签以及属性，可以让开发者非常方便地实现清晰的 Web 页面布局，加上 CSS3 的效果渲染，快速建立丰富灵活的 Web 页面变得非常简单。

这些布局元素主要包括：

- <header>——定义页面或区段的头部；
- <footer>——定义页面或区段的尾部；
- <nav>——定义页面或区段的导航区域；
- <section>——页面的逻辑区域或内容组合；
- <article>——定义正文或一篇完整的内容；
- <aside>——定义补充或相关内容；

HTML5 允许用很多更语义化的结构化代码标签代替大量的无意义的 div 标签。这种语义化的特性不仅提升了网页的质量和语义，而且减少了以前用于 CSS 调用的 class 和 id 属性。

以下是一个完整的 HTML5 布局元素的实例，读者可以通过这个例子初步体会 HTML5 布局元素的使用技巧。

例 4-40 HTML5 布局元素实例

```
<!doctype html>
<html>
<head>
<meta charset = "utf-8">
<title>html5 语义化标签</title>
<style>
body,div{margin:0px;padding:0px;}
.clear:after{visibility:hidden; display:block;font-size:0; content:"."; clear:both; height:0;}   * html .clear
{zoom:1;clear:both;}
*:first-child+html .clear{zoom:1;clear:both;}
.clear{ zoom:1; clear:both;}
header{border:1px solid green;margin:5px auto;width:80%;height:100px;background:#abcdef;}
header nav{border:1px solid black;height:100px;line-height:100px;text-align:center;font-size:30px;color:green;}
header nav ul>li{display:inline;}
.container{border:1px solid green;width:80%;height:auto;margin:5px auto;background:#abcdef;}
.container section{width:65%;border:1px solid black;height:450px;text-align:center;font-size:30px;color:green;
line-height:450px;float:left;background:#abcdef;}
.container aside{width:32%;border:1px solid black;height:450px;line-height:450px;text-align:center;
font-size:30px;color:green;float:right;background:#abcdef;}
footer{border:1px solid green;width:80%;height:100px;line-height:100px;text-align:center;font-size:30px;
color:green;margin:5px auto;background:#abcdef;}
```

```
</style>
</head>

<body>
    <header>
        <nav>
            <ul>
                <li><a href="#">Home</a></li>
                <li><a href="#">One</a></li>
                <li><a href="#">Two</a></li>
                <li><a href="#">Three</a></li>
            </ul>
        </nav>
    </header>
    <div class="container clear">
        <section>section</section>
        <aside>aside</aside>
    </div>
    <footer> footer</footer>
</body>
</html>
```

页面显示效果如图 4-31 所示。

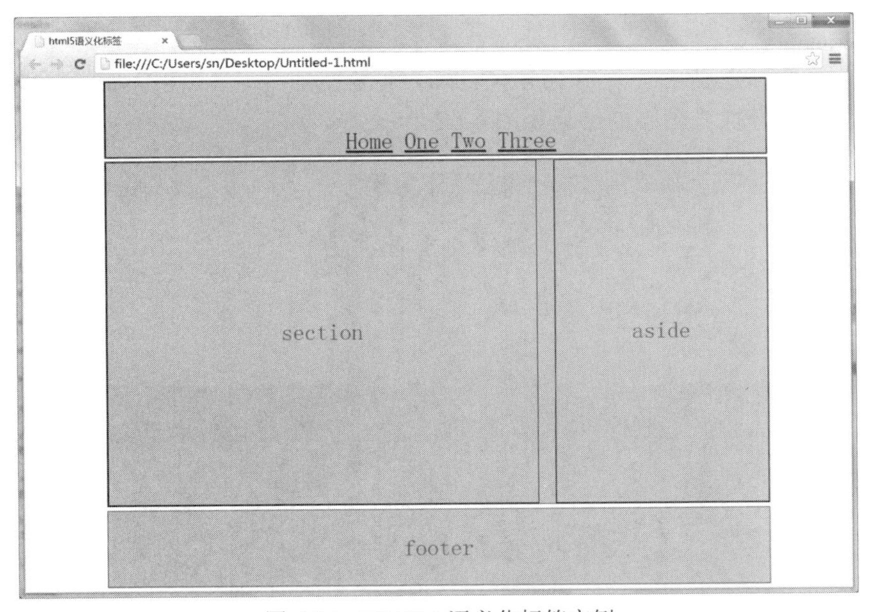

图 4-31　HTML5 语义化标签实例

4.10.2　画布

在 HTML5 中，新增了一个非常重要的标签<canvas>。在网页中应用该标签时，会生成一块画布，此画布上可绘制任何图形（包括导入图片），也可以通过编写 JavaScript 代码，在

<canvas>标签中控制各种图形和制作动画。

例 4-41 <canvas>标签实例

```
<canvas id="myCanvas"></canvas>
<script type="text/javascript">
    var canvas=document.getElementById('myCanvas');
    var ctx=canvas.getContext('2d');
        ctx.fillStyle = '#FD0';
        ctx.fillRect(0,0,75,75);
        ctx.fillStyle = '#6C0';
        ctx.fillRect(75,0,75,75);
        ctx.fillStyle = '#09F)';
        ctx.fillRect(0,75,75,75);
        ctx.fillStyle = '#F30';
        ctx.fillRect(75,75,150,150);
        ctx.fillStyle = '#FFF';
        // 设置透明度 取值范围 0-1
        ctx.globalAlpha = 0.2;
        // 画 6 个同心圆
        for (i=0;i<6;i++){
            ctx.beginPath();
            ctx.arc(75,75,10+10*i,0,Math.PI*2,true);
            ctx.fill();
        }
</script>
```

在这个例子中，定义了一个 id 为 myCanvas 的<canvas>标签，在 JavaScript 代码中，对这个画布进行了操作，操作画布的结果如图 4-32 所示。

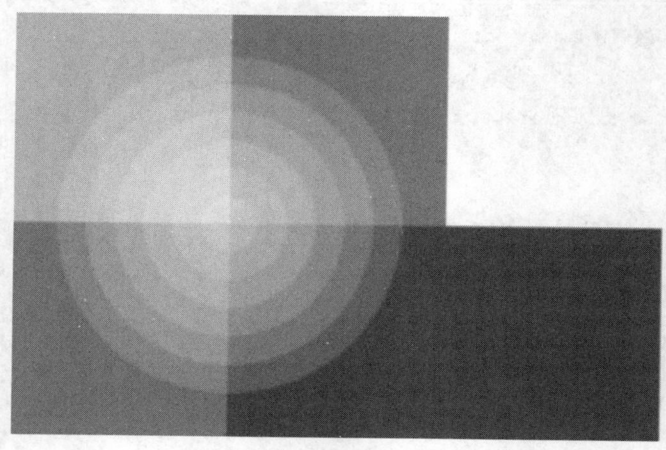

图 4-32 画布

4.10.3 数据列表

在 Web 设计中，经常会用到输入框的自动下拉提示功能，以方便用户的输入。

在 HTML5 中，可以用<datalist>标签配合<input>标签来实现这个功能。

在一个不包含<datalist>标签的<input>中，如图 4-33 所示，用户必须手动在这个输入框中输入文字内容。

```
<label for="search">搜索:</label>
<input type="text" id="search">
```

搜索：

图 4-33　普通文本框

而通过给<input>添加数据列表，如图 4-34 所示，则可以为文本框添加自动下拉提示。需要注意：<input>标签的 list 属性的值和<datalist>标签的 id 的值应保持一致。

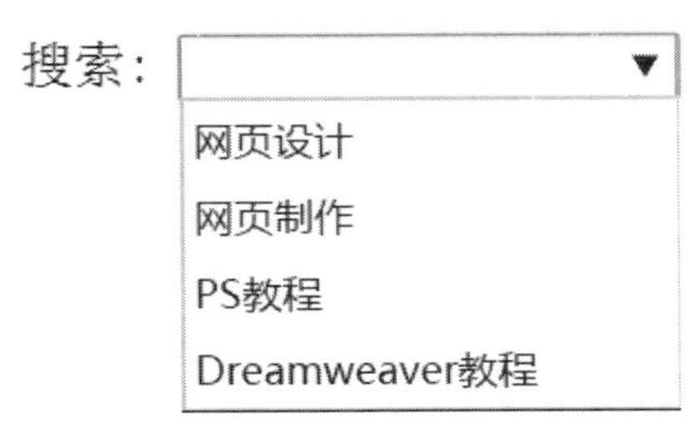

图 4-34　数据列表显示效果

例 4-42　数据列表实例

```
<label for="search">搜索:</label>
    <input type="text" id="search" list="team_list">
    <datalist id="team_list">
        <option>网页设计</option>
        <option>网页制作</option>
        <option>PS 教程</option>
        <option>Dreamweaver 教程</option>
</datalist>
```

4.10.4　拖放

在 HTML5 中，可以为元素添加 draggable 属性，设置该属性的值为 true，即可实现元素的拖放。在拖动元素的过程中，可以触发多个事件，更加准确、及时地反映元素从拖动到放下这一过程中的各种状态和数据值。

4.11　HTML 综合应用

在本节中，我们来看一下上一章中设计的网页如何用 HTML 实现。仍然以文章页面为例。其他页面的代码请参见配套资料。需要指出的是，本章中的例子只是告诉读者如何实现页面的结构性内容，没有过多讨论页面的样式，看起来只是实现了设计图的基本模块，在 CSS 的章节中我们会在本节的基础上为页面添加丰富、完整的样式，以使页面看起来确实是设计图中的样子。

4.11.1 页面代码

先看一下这个网页的所有代码（为了便于代码的展示，CSS 和 HTML 写在一个文件里，实际制作网页时尽量避免这种写法，而应该采用引用外部 CSS 文件的方式）。

```
<!doctype html>
<html>
<head>
<meta charset="utf-8">
<title>文章页面</title>
<style type="text/css">
    body{margin:0px;padding:0px;background: #eee;}
    .inline-block{display:inline-block;}
    ul{list-style-type:none; text-align:left;}
    header{margin:5px auto;width:90%;height:160px; background: #149de0; }
    .logo{font-size:30px;color:white;}
    header nav{height:160px;line-height:160px;font-size:18px;}
    header nav ul{text-align:right;}
    header nav ul>li{display:inline;}
    header nav ul>li a{color:white;}
    .container{width:90%;height:auto;margin:5px auto;}
    .container aside{width:24%;height:600px;text-align: center;font-size:14px;float:left;background:#fff;}
    .container section{width:72%;height:600px;float:right;background:#fff;}
    footer{text-align:center;}
</style>
</head>

<body>
<header>
<ul>
<li class="logo inline-block">BYW</li>
<li class="logo inline-block">Build Your WebSite</li>
<li class="inline-block"><form><input type="search" placeholder="关键词..."></form></li>
</ul>
<nav>
<ul>
<li><a href="index.html">首页</a></li>
<li><a href="article.html">文章</a></li>
<li><a href="pic.html">图库</a></li>
<li><a href="video.html">视频</a></li>
<li><a href="intro.html">个人简介</a></li>
<li><a href="message">留言</a></li>
<li><a href="links">友情链接</a></li>
</ul>
</nav>
</header>
<div class="container">
```

```
<aside>
<img src="images/lion.jpg"><br>
<p>张三　前端设计狮</p>
<h2>文章列表</h2>
<ul>
<li><a href="#">2015 年 8 月</a></li>
<li><a href="#">2015 年 7 月</a></li>
<li><a href="#">2015 年 6 月</a></li>
<li><a href="#">2015 年 5 月</a></li>
<li><a href="#">2015 年 4 月</a></li>
<li><a href="#">2015 年 3 月</a></li>
<li><a href="#">2015 年 2 月</a></li>
<li><a href="#">2015 年 1 月</a></li>
<li><a href="#">2014 年 12 月</a></li>
<li><a href="#">2014 年 11 月以前</a></li>
</ul>
</aside>
<section>
<article>
<h3><a href="#">网页设计概述</a></h3>
<p>网页，是构成网站的基本元素，是承载各种网站应用的平台。通俗地说，网站就是由网页组成的。网页是一个文件，它可以存放在世界某个角落的某一台计算机中，是万维网中的一“页”。一个网站一般由若干个网页构成。</p>
<a href="1.html">[ 查看全文 ]</a>
</article>
<article>
<h3><a href="#">图层的基本概念</a></h3>
<p>图层的使用是 Photoshop 应用的“重中之重”。通过使用图层，可以缩放、更改颜色、设置样式、改变透明度等。每一个图层都是一个单独的可编辑的元素，可以任意修改。图层可以说在网页设计中起着至关重要的作用，是用来显示文本框、图像、背景、内容和更多其他元素的基底。大多数 Photoshop 使用者都同意分层是 Photoshop 的关键特性之一——良好的分层有助于设计更完美的展示和修改。</p>
<a href="2.html">[ 查看全文 ]</a>
</article>
<article>
<h3><a href="#">HTML5</a></h3>
<p>HTML 5 是 W3C（World Wide Web Consortium，万维网联盟）与 WHATWG（Web Hypertext Application Technology Working Group）合作的结果。在 2006 年，双方决定进行合作，来创建一个新版本的 HTML。他们为 HTML5 建立了一些规则，包括：</p>
<a href="3.html">[ 查看全文 ]</a>
</article>
</section>
</div>
<footer>
    Copyright &copy; 2015 sunna All rights reserved.
</footer>
</body>
</html>
```

页面的效果如图 4-35 所示。可以看到，与设计图相比，虽然很多细节还没有实现，但是结构性的内容已经基本具备。

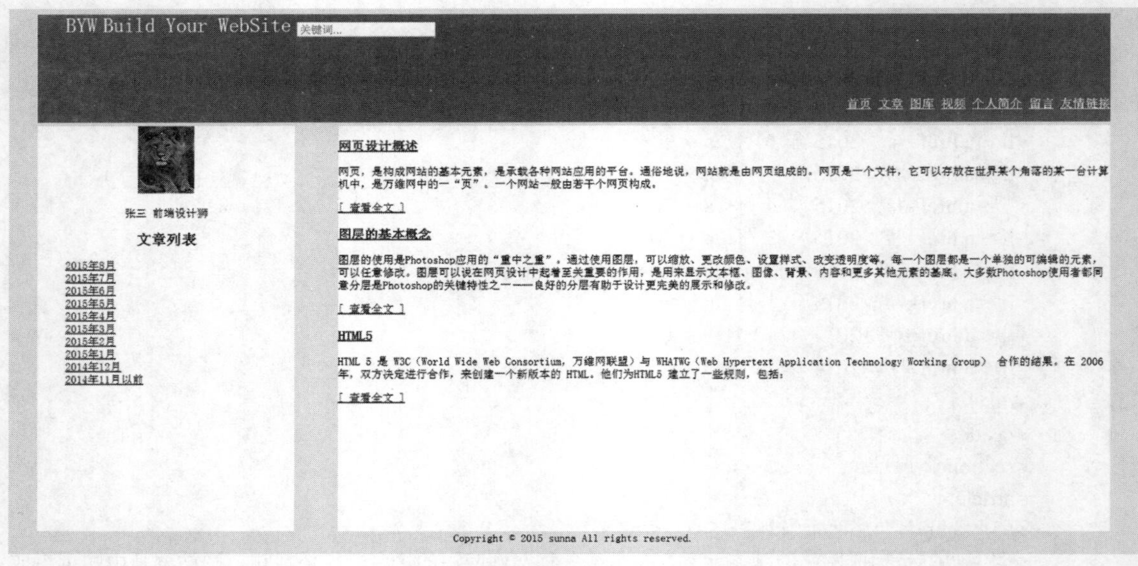

图 4-35　文章页面的显示效果

下面让我们一起来分析这些代码。

4.11.2　声明文档类型

首行的<!doctype html>表示采用了 HTML 5 语法，页面中用到了很多 HTML 5 的新标签，因此必须有这句声明。

4.11.3　文件头部分

文件的<head>标签内包含了三部分：<meta>、<title>、<style>。

<meta charset="utf-8">

——表明文件采用“utf-8”字符集，保证文中不会出现乱码。

<title>文章页面</title>

——页面标题为“文章页面”，出现在网页的标题栏中。

<style type="text/css">…</style>

——标签内的内容定义了网页的样式。在这里暂时不讨论，在分析页面主体部分时结合页面的结构一起分析，可以看到样式所起到的重要作用。

4.11.4　页面的主体部分

设置<body>的样式为：

```
body{margin:0px;padding:0px;background: #eee;}
```

其中“margin:0px;padding:0px;”是为了取消某些浏览器默认设置的一些内外边距，使各浏览器有一致的效果。“background: #eee”给页面设置#eee 的背景色。

在<body>标签内包含 3 部分：<header>区域、一个类名为 container 的 div 和<footer>区域。

1. <header>区域

<header>中包含 LOGO、Banner、搜索框和导航条。

HTML 代码：

```
<header>
<ul>
<li class="logo inline-block">BYW</li>
<li class="logo inline-block">Build Your WebSite</li>
<li class="inline-block"><form><input type="search" placeholder="关键词..."></form></li>
</ul>
<nav>
<ul>
…
</ul>
</nav>
</header>
```

CSS 代码：

```
.inline-block{display:inline-block;}
    ul{list-style-type:none; text-align:left;}
    header{margin:5px auto;width:90%;height:160px; background: #149de0; }
    .logo{font-size:30px;color:white;}
    header nav{height:160px;line-height:160px; font-size:18px;}
    header nav ul{text-align:right;}
    header nav ul>li{display:inline;}
    header nav ul>li a{color:white;}
```

2. header 整体设置

给 header 设置宽度、高度和背景色，使用：

```
header{margin:5px auto;width:90%;height:160px; background: #149de0; }
```

其中，“margin:5px auto”为 header 设置一个上下各 5 像素的边距，并且使它水平居中。

（1）LOGO、Banner 和搜索框

LOGO、Banner 和搜索框放在一个内联列表<ul>中。<ul>本身是一个块级元素，使它成为内联元素需要在 CSS 中设置.inline-block{display:inline-block;}，并为<li>元素应用这个样式，也就是设置<li class="inline-block">。此外，为 LOGO 和 Banner 设置字体的大小和字体的颜色，样式在 CSS 类“.logo”中定义。

搜索框使用一个 form 标签，内部使用一个搜索类型的 input 输入框：

```
<form><input type="search" placeholder="关键词..."></form>
```

并设置 placeholder="关键词..."以使搜索框内默认显示“关键词…”。

（2）导航条

为导航条设置文字右对齐，字体大小为 18px。

导航条也使用了内联列表，设置 header nav ul>li{display:inline;}。

为导航条的每一个导航设置链接颜色为白色：header nav ul>li a{color:white;}。

3. 类名为 container 的 div 区域

这个 container 分为左侧的侧边栏和右侧的文章区，分别包含在<aside>标签和<section>标签中。

在.container{width:90%;height:auto;margin:5px auto;}中，设置 container 的宽度、高度、外边距（属性值 auto 用来使 div 水平居中）。

（1）<aside>

为 aside 元素设置样式：

```
.container aside{width:24%;height:600px;text-align: center;font-size:14px;float:left;background:#fff;}
```

设置宽度、高度、内容居中对齐、字体、背景色，其中“float:left”使 aside 元素浮动在左侧。

<aside>上方是用户头像图片，代码为：

```
<img src="images/lion.jpg"><br>
```

插入图片并插入一个换行符。

头像下方是用户名（张三）和用户简介（前端设计狮），代码为：

```
<p>张三　前端设计狮</p>
```

再下方是文章列表区，首先为列表设置标题：

```
<h2>文章列表</h2>
```

然后用列表来<ul>…</ul>展示文章列表，并为 ul 元素设置左对齐、无列表样式（取消列表项前的实心圆点）：

```
ul{list-style-type:none; text-align:left;}
```

（2）<section>

设置 section 元素的样式：

```
.container section{width:72%;height:600px;float:right;background:#fff;}
```

设置 section 元素的宽度、高度、背景色，并且用“float:right;”将 section 元素放在右侧。

在 section 元素中包含三篇文章，每一篇文章用一个<article>标签表示，每一篇文章都具有标题和一段正文。

4. <footer>区域

footer 部分用来放版权信息，设置 footer 元素中的内容居中对齐：

```
footer{text-align:center;}
```

4.12 本章小结

本章详细介绍了 HTML 的基础知识与用法，其中出现的实例全部以 HTML5 形式创建。在学习 HTML 的过程中应注意两个原则：一是尽可能使用有意义的标签；二是页面内容与展现相分离，HTML 只负责内容结构，展现则交给 CSS 去做。

首先介绍了 HTML 的基本情况，HTML 的定义、特点、发展等，还介绍了 HTML5 的特点及新特性。

接着介绍了 HTML 文档的基本组成和代码的书写格式。

随后结合大量实例详细讲解了如何在网页中添加文本、多媒体、超链接、表格、表单等元素。

在之后的内容里展示了 HTML 表单的新特性和新属性，以及其他 HTML5 元素的运用。

最后以一个综合实例做出上一章中效果图展示的基本结构，并对代码进行了深入的讲解。除了必要的样式外，这个实例没有过多涉及页面样式展示的内容，该部分内容将留到 CSS 的章节中进行深入讨论。

第 5 章　可视化网页制作工具——Dreamweaver

HTML 是制作网页的语言，但对于初学者来说，掌握这种语言可能比较困难，好在有一些可视化的网页制作工具，不但给初学者提供了很大方便，即使是高手也能从中获得不少帮助。

Dreamweaver 是使用最广泛的可视化网页制作工具之一。Dreamweaver 的优势在于它对 HTML 技术和 CSS 技术的支持比较完善。拥有成熟的工作流、强大的可视化操作界面和性能卓越的站点管理表现。

但请始终记住，Dreamweaver 只是用来编辑 HTML 的工具，不要过于依赖它。

本章展示 Dreamweaver 在网页制作方面的应用，将详细介绍以下几方面内容：

- Dreamweaver 基础，包括 Dreamweaver 简介、Dreamweaver 工作区介绍以及 Dreamweaver CC 2014 的新功能；
- 如何在 Dreamweaver 中管理站点，包括如何创建站点、管理站点和管理站点中的文件；
- 如何新建空白 HTML 文档和以其他方式创建文件；
- 如何利用 Dreamweaver 设置页面属性和文件头内容；
- 如何在网页中添加文本、图像、音频、视频、超链接、表格、表单、结构、jQuery UI、CSS 等内容；
- 通过一个完整的实例，演示如何尽量使用 Dreamweaver 实现上一章中的 HTML 代码。

5.1　Dreamweaver 基础

Dreamweaver 是当前最流行的网页设计软件。Dreamweaver 提供了很多功能，便于人们更好地运用 HTML。

5.1.1　Dreamweaver 简介

Adobe Dreamweaver，简称 DW，是集网页制作和网站管理于一身的所见即所得网页编辑器。

Dreamweaver 与其他同类软件相比主要有以下优点：

（1）不生成冗余代码。所有可视化网页编辑器，都要把使用者的操作转换成 html 代码。相比较而言，Dreamweaver 则在使用时完全不生成冗余代码。

（2）方便的代码编辑。可视化编辑和源代码编辑都有其长处和短处。有时候，直接用源代码编辑会很有效。Dreamweaver 提供了 HTML 快速编辑器和自建的 HTML 编辑器，能方便自如地在可视化编辑状态和源代码编辑状态间切换。

（3）强大的动态页面支持。Dreamweaver 能在使用者不懂 JavaScript 的情况下，向网页中加入丰富的动态效果。

（4）优秀的网站管理功能。除了可以建立站点、管理站点文件以便于网站的管理外，还提供了许多实用的功能，例如在定义的本地站点中，改变文件的名称、位置，Dreamweaver 会自动更新相应的超链接。

（5）便于扩展。可以给 Dreamweaver 安装各种插件，使其功能更强大。

目前，Dreamweaver 的最新版本是 Dreamweaver CC 2015，而本书中的例子全部基于 Dreamweaver 较为成熟的版本——Dreamweaver CC 2014。

5.1.2　Dreamweaver 的工作区

Dreamweaver 工作区是编辑网页文档的区域，可以查看文档和对象属性。工作区还将许多常用操作放置于工具栏中，可以快速更改文档。打开 Dreamweaver 文档后，工作区界面如图 5-1 所示。Dreamweaver 提供了很多面板、检查器和窗口。用户可单击菜单栏中的“窗口”，来打开面板、检查器和窗口。

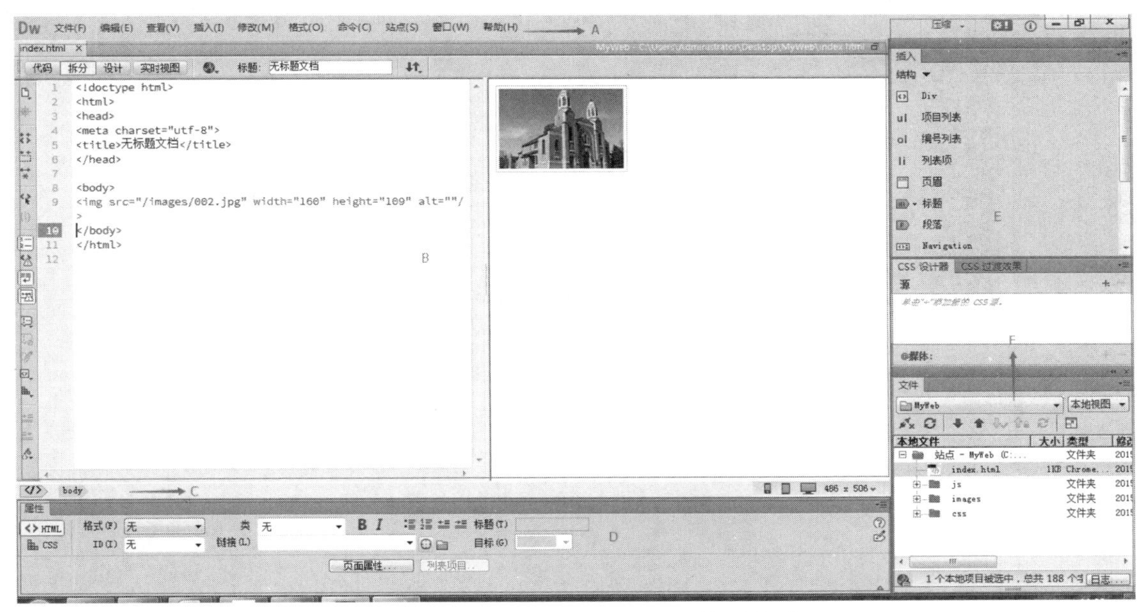

图 5-1　Dreamweaver CC 2014 工作区界面

其中，各部分的描述如下：

A．应用程序栏

B．文档窗口

C．状态栏

D．属性检查器

E．面板组

F．“文件”面板

1．*应用程序栏*

位于 Dreamweaver 窗口顶部，包含工作区切换器、菜单栏（仅限 Windows）以及其他应用程序控件。

菜单栏（图 5-2）是 Dreamweaver 中应用最为广泛的功能之一，包括“文件”“编辑”“查看”“插入”“修改”“格式”“命令”“站点”“窗口”“帮助”等菜单项。

文件(F) 编辑(E) 查看(V) 插入(I) 修改(M) 格式(O) 命令(C) 站点(S) 窗口(W) 帮助(H)

图 5-2 Dreamweaver 菜单栏

（1）文件：包含“新建”“打开”“保存”“保存全部”，还包含各种其他命令，用于查看当前文档或对当前文档执行操作。

（2）编辑：包含剪切、复制、粘贴、查找、替换等类似于其他软件“编辑”菜单的命令，也提供了一些适用于 HTML 文档的命令，例如“选择父标签”“显示代码提示”“标签库”等。此外，“编辑”菜单还提供对 Dreamweaver 中“首选项”对话框（图 5-3）的访问，在“首选项”对话框中，可以对文档选项、编辑选项、CSS 样式、代码等进行设置。

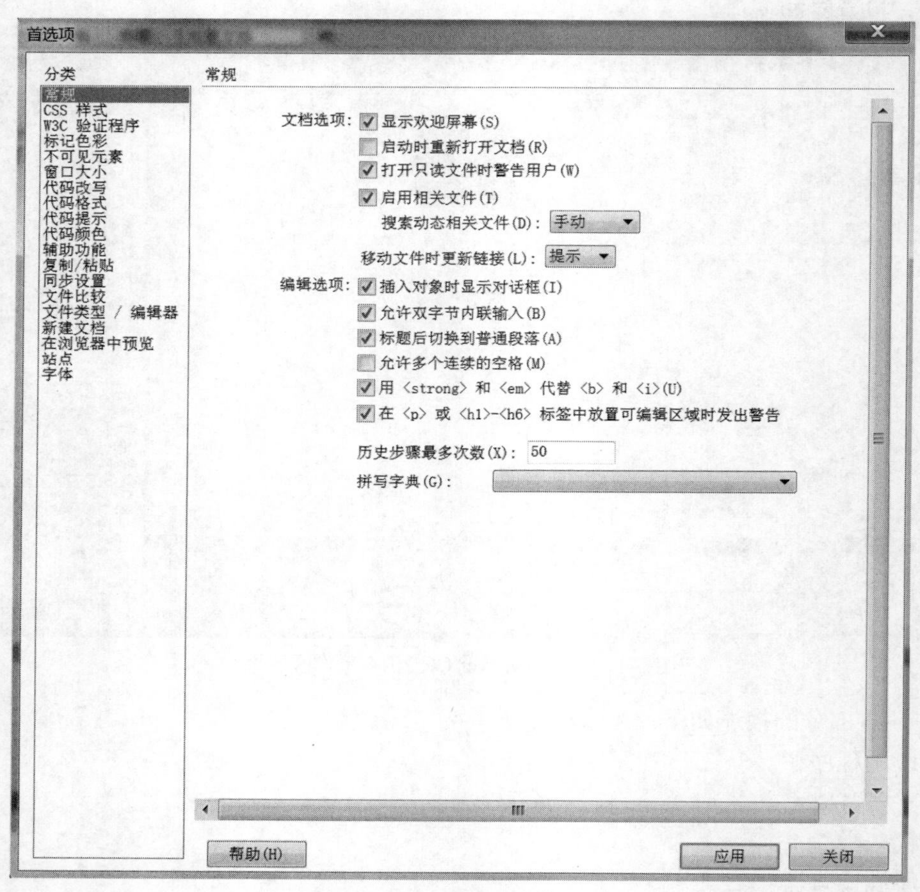

图 5-3 Dreamweaver 首选项

（3）查看：可以切换文档的各种视图（例如“设计”视图和“代码”视图），也可以显示和隐藏不同类型的页面元素和 DW 工具及工具栏。

（4）插入：提供“插入”栏的替代项，用于将对象插入文档中。

（5）修改：可以更改选定页面元素或项的属性。使用此菜单，可以编辑标签属性，更改表格和表格元素，并且为库项和模板执行不同的操作。

（6）格式：可以轻松地设置文本、CSS 的格式样式。

（7）命令：提供对各种命令的访问。

（8）站点：提供用于管理站点以及上传和下载文件的菜单项。

（9）窗口：提供对 Dreamweaver 中的所有面板、检查器和窗口的访问。

（10）帮助：提供对 Dreamweaver 文档的访问，包括关于使用 Dreamweaver 以及创建 Dreamweaver 扩展功能的帮助系统，还包括各种语言的参考材料。

2. 文档窗口

文档窗口显示当前文档。在文档窗口中，可以选择下列任一视图：

“设计”视图：用于可视化页面布局、可视化编辑和快速应用程序开发的设计环境。在此视图中，Dreamweaver 显示文档的完全可编辑的可视化表示形式，类似于在浏览器中查看页面时看到的内容。

“代码”视图：用于编写和编辑 HTML、JavaScript 和其他任何类型代码的手动编码环境。Dreamweaver 提供了非常实用的代码提示功能，有助于快速插入和编辑代码，并且不出差错。在“代码”视图中键入字符后，将看到可自动完成输入的候选项列表。例如，当键入标签、属性（attribute）或 CSS 属性（property）名的前几个字符时，将看到以这些字符开头的选项列表，如图 5-4 所示。

在切换到“代码”视图时，左侧会出现编码工具栏，如图 5-5 所示。编码工具栏提供了一些非常实用、人性化的编码操作，例如打开文档、显示代码浏览器、折叠整个标签、折叠所选标签、扩展全部、选择父标签、选择当前代码段、显示和隐藏行号、高亮显示无效代码、自动换行、语法错误警告、应用注释、删除注释、环绕标签、移动或转换 CSS、缩进代码、凸出代码、格式化源代码等。

图 5-4　代码提示功能

图 5-5　编码工具栏

“拆分”视图：可在单一窗口中同时查看同一文档的“代码”视图和“设计”视图。

“实时视图”：与“设计”视图类似，“实时视图”更逼真地显示文档在浏览器中的表示形式，并能像在浏览器中那样与文档交互。还可以在“实时视图”中直接编辑 HTML 元素，并在同一视图中即时预览更改后的效果。

Dreamweaver 还会在文档的选项卡下显示相关文件工具栏。相关文档指与当前文件关联的文档，例如 CSS 文件或 JavaScript 文件，如图 5-6 所示。

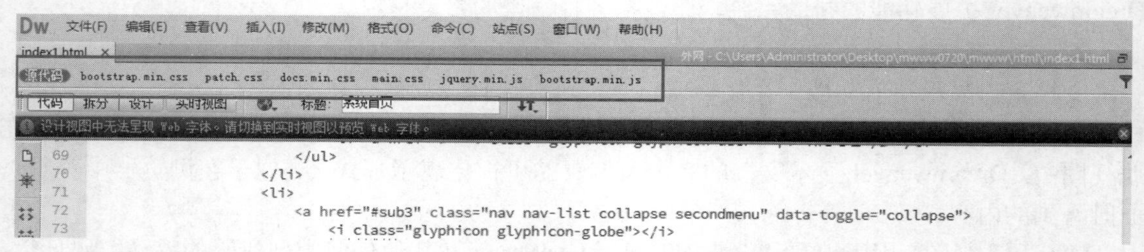

图 5-6 显示与当前文档相关的文件

文档窗口底部的状态栏提供与正创建的文档有关的其他信息。

3. 属性检查器

利用属性检查器可以编辑当前选定页面元素（如文本和插入的对象）的最常用属性。属性检查器的内容会根据选定的元素的不同有所不同。例如，如果选择页面上的图像，则属性检查器将改为显示该图像的属性（如图像的文件路径、图像的宽度和高度、图像周围的边框等）。默认情况下，属性检查器位于工作区的底部边缘，但是可以将其取消停靠并使其成为工作区中的浮动窗口。

4. 状态栏

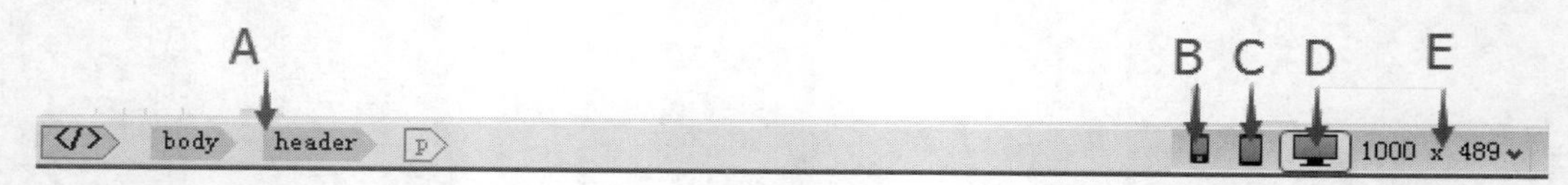

A. 标签选择器 B. 手机大小 C. 平板电脑大小 D. 桌面大小 E. 窗口大小

标签选择器：显示当前选定内容的标签的层次结构。单击该层次结构中的任何标签可以选择该标签及其全部内容。单击<body>可以选择文档的整个正文。也可以在标签选择器中设置某个标签的 class 或 ID 属性，右击该标签，然后从上下文菜单中选择一个类或 ID。

手机大小：默认情况下，按手机大小 480×800 显示文档的预览。要更改默认大小，可单击“窗口大小”弹出式菜单编辑大小。

平板电脑大小：默认情况下，按平板电脑大小 768×1024 显示文档的预览。要更改默认大小，可单击“窗口大小”弹出式菜单编辑大小。

桌面大小：默认情况下，在宽度大小为 1000 像素的桌面中显示文档预览。要更改默认大小，可单击“窗口大小”弹出式菜单编辑大小。

窗口大小弹出菜单（在代码视图中不可用：）使用此工具，可以将文档窗口的大小调整到预定义或自定义的尺寸。更改“设计”视图或“实时视图”中页面的视图大小时，仅更改视图大小的尺寸，而不更改文档大小。除了预定义和自定义大小外，Dreamweaver 还会列出在媒体查询中指定的大小。

5. 面板组

面板组在 Dreamweaver 界面右侧，包括“插入”面板、“文件”面板、“CSS 设计器”面板等。

“插入”面板（图 5-7）：包含用于创建和插入对象（例如表格、图像和链接）的按钮。这些按钮按几个类别进行组织，可以通过从顶端的下拉列表中选择所需类别来进行切换。

“文件”面板：使用“文件”面板可查看和管理 Dreamweaver 站点中的文件。

“CSS 设计器”面板（图 5-8）：能“可视化”地创建 CSS 样式和规则并设置属性和媒体查询。

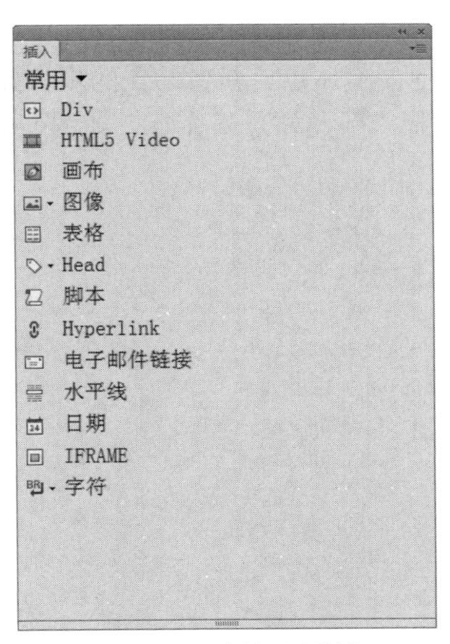

图 5-7　“插入”面板

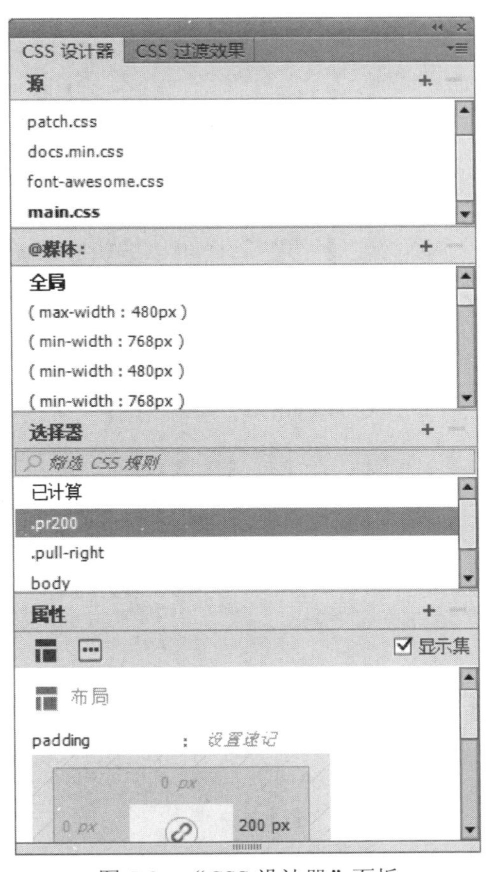

图 5-8　“CSS 设计器”面板

5.1.3　Dreamweaver CC 2014 新增功能

Dreamweaver CC 2014 版包含“实时检查”和“CSS 设计工具”等多项增强功能，可以帮助用户更加轻松地创建、更新网页和移动设备的网页内容，另外，新的“元素快速检查”功能可以帮助网页设计师快速检查、预览及编辑众多的 HTML 标签等。

新功能包括：

- 网页元素快速检查；
- 实时检查中的新编辑功能；

- CSS 设计工具增强功能；
- 实时插入；
- 使用身份文件支持 SFTP 连线；
- 还原/重做增强功能；
- Business Catalyst 和 PhoneGap Build 工作流程的变化；
- 存取 Dreamweaver 扩展功能的变化；
- 同步设置；
- 直接从 Dreamweaver 发送错误/功能要求；
- 帮助中心（Help Center）、帮助菜单变化等。

5.2 站点管理

站点是 Web 站点中所有文件和资源的集合。Dreamweaver 提供了丰富的站点管理功能，可以在计算机上创建网页，可将网页上传到 Web 服务器，并可随时在保存文件后传输更新的文件来对站点进行维护、还可以编辑和维护未使用 Dreamweaver 创建的 Web 站点。

5.2.1 创建站点

利用 Dreamweaver 的站点管理功能，可以很方便地创建站点。新建站点的步骤如下：

（1）打开 Dreamweaver，单击“站点”菜单，选择“新建站点”命令，如图 5-9 所示。

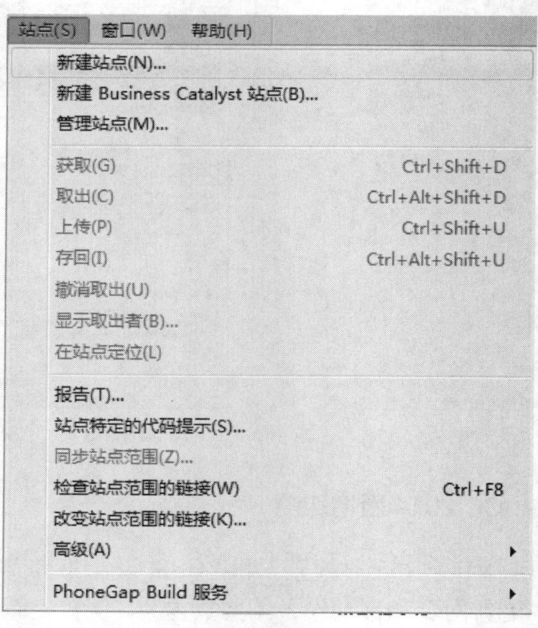

图 5-9 新建站点

（2）打开“站点设置对象”对话框，在“站点名称”中输入“我的网站”，在“本地站点文件夹”中浏览选择网站文件夹。本例中选择了 MyWeb 文件夹，这个文件夹已经提前建立，文件夹结构如图 5-10 所示。

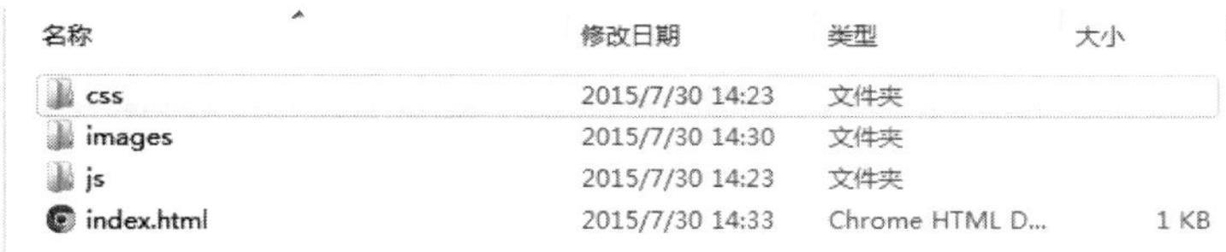

名称	修改日期	类型	大小
css	2015/7/30 14:23	文件夹	
images	2015/7/30 14:30	文件夹	
js	2015/7/30 14:23	文件夹	
index.html	2015/7/30 14:33	Chrome HTML D...	1 KB

图 5-10 MyWeb 文件夹的结构

如果只是建立本地站点，上述设置完成后，单击“保存”按钮保存设置即可，如图 5-11 所示。

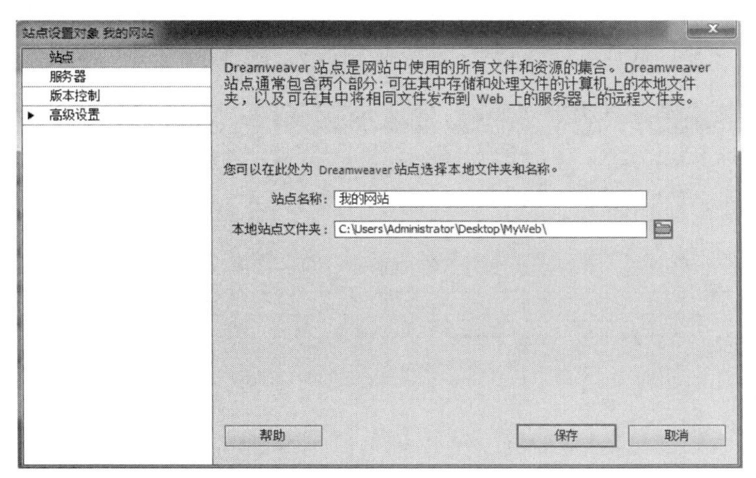

图 5-11 站点设置

成功建立站点后，在“文件”面板中会出现新建立的站点的结构，如图 5-12 所示。

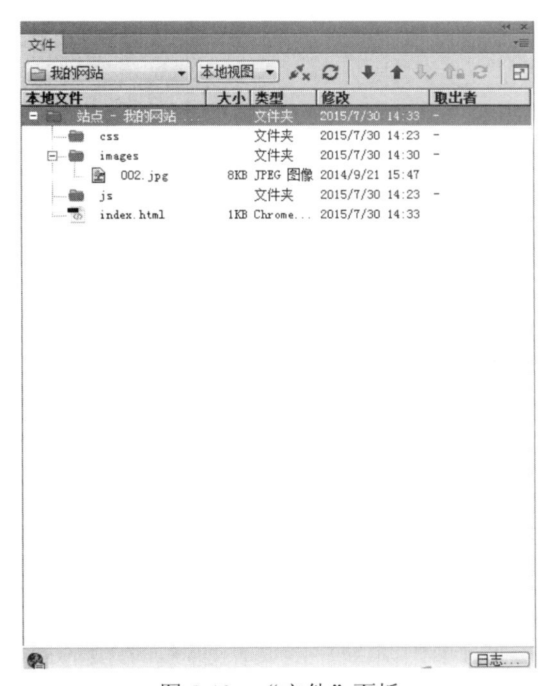

图 5-12 “文件”面板

在“文件”面板中可以看到两个下拉框，第一个显示的是刚才设置好的网站名称，如果设置了多个网站，可以通过这个下拉框在不同的网站之间切换，第二个下拉框显示的是“本地视图”，表示当前显示的文件结构是本地的网站结构，此外还可以选择“远程视图”等方式，表示可以显示服务器上的目录结构等，目前暂时还用不到。

5.2.2 管理站点

“管理站点”对话框是进入许多 Dreamweaver 站点功能的通路。从这个对话框中，可以创建新站点、编辑现有站点、复制站点、删除站点、导入站点或导出站点。

单击“站点”菜单，选择“管理站点”命令，可以打开“管理站点”对话框，如图 5-13 所示。

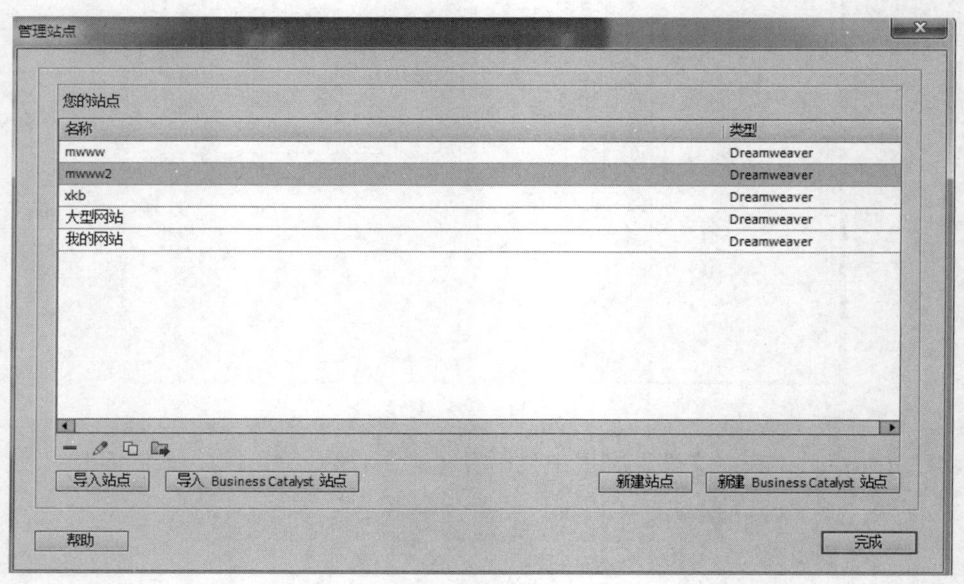

图 5-13 “管理站点”对话框

对话框中的按钮分别实现删除站点、编辑站点、复制站点、导出站点功能。

从 Dreamweaver 站点列表中删除选定的站点及其所有设置信息。需要注意，这个操作并不会删除实际站点文件（如果希望将站点文件从计算机中删除，则需要手动删除）。此操作无法撤消。

可以编辑用户名、口令等信息以及现有站点的服务器信息。在站点列表中选择现有站点，然后单击此按钮即可编辑。

创建现有站点的副本。若要复制站点，可以在站点列表中选择站点，然后单击此按钮。复制的站点将会显示在站点列表中，站点名称后面会附加“复制”字样。若要更改复制站点的名称，则需选中该站点，然后单击“编辑”按钮。

可以将选定的站点设置导出为*.ste。

5.2.3 管理站点中的文件

“文件”面板提供了类似于操作系统中的文件管理，在其中可以非常方便地对文件进行各种操作，如图 5-14 所示。包括新建文件、新建文件夹、打开、编辑（剪切、复制、粘贴、删除、重命名)、选择等各种文件操作，还包括了一些与服务器相关的文件操作（本书未涉及）。

图 5-14　“文件”面板功能

5.3　新建 HTML 文档

在 Dreamweaver 中可以使用多种文件类型。使用的主要文件类型是 HTML 文件。可以使用.html 或.htm 扩展名保存 HTML 文件。Dreamweaver 默认情况下使用.html 扩展名保存文件。

使用 Dreamweaver 时可能会用到其他文件类型，比较常见的有 CSS 文档、JavaScript 文档、HTML 模板、XML 文档等。

5.3.1　创建新的空白文档

在 Dreamweaver 中，单击“文件”菜单中的“新建”命令，打开“新建文档”对话框，如图 5-15 所示。它提供了一些可供使用的模板，这里我们使用最基本的一种，也是自动默认的一种，就是在“空白页”中的 HTML。由于是默认的类型，可以直接单击“创建”按钮。这样，就会打开一个新的文档窗口。

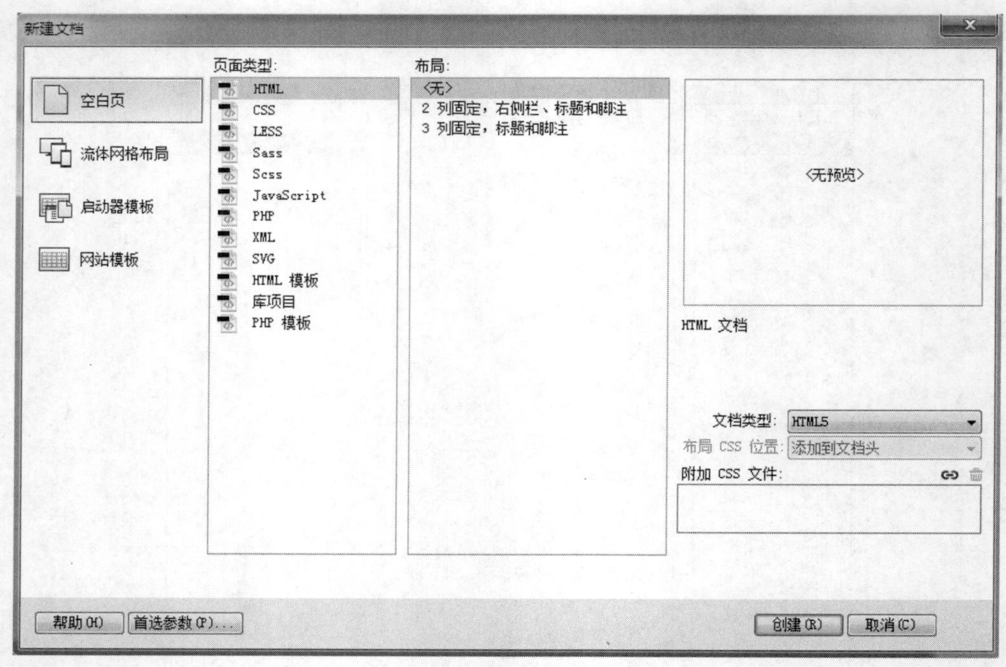

图 5-15　“新建文档”对话框

在 Dreamweaver CC 2014 中，新建文档时默认的文档类型是 HTML5。创建的新文档都是空白的。“空白”指的是文档<body>标签里没有内容，而 HTML 文件并不是空白的。单击“代码”按钮，将同时显示 HTML 代码，如图 5-16 所示，可以看到，最基本的 HTML 文件的框架已经存在了。

图 5-16　“空白页”文档

5.3.2　以其他方式创建文档

Dreamweaver CC 2014 还提供了其他创建文档的方式，如：

- 流体网格布局：是用于设计自适应网站的系统。它基于单一的流体网格，包含 3 种布局和排版规则预设。
- 启动器模板。
- 网站模板。

5.4　设置页面属性

创建文档后还可以对它进行设置，设定一些影响整个网页的参数。选择“修改”菜单中的“页面属性”命令，或在属性面板中单击“页面属性”按钮，打开“页面设置”对话框。

可以在“分类”中选择“外观（CSS）”“外观（HTML）”“链接（CSS）”“标题（CSS）”“标题/编码”“跟踪图像”进行设置。

外观（CSS）：设定页面的字体、背景等外观属性，会生成内联 CSS。

外观（HTML）：设定页面的字体、背景、链接的颜色等外观属性，会在<body>标签中生成相关属性。

链接（CSS）：设定链接文字字体、大小、色彩等样式属性。

标题（CSS）：设定标题 1～标题 6 的样式属性。

标题/编码：设定文档的标题和编码。

跟踪图像：设定跟踪图像，跟踪图像将在文档处于编辑状态时显示。

注意：以上参数的设置会影响整个页面。

例 5-1　设置页面属性

设置页面字体为：“黑体、normal、bold”，字体大小为“12px”，文本颜色为“#000”，背景颜色为“#C7F1F3”，背景图像为“images/002.jpg”，重复方式为“no-repeat”，具体设置如图 5-17 所示。

图 5-17　设置页面属性

设置完成后，在“设计”视图中输入一行文字“这是正文部分”，查看页面的显示效果，如图 5-18 所示。

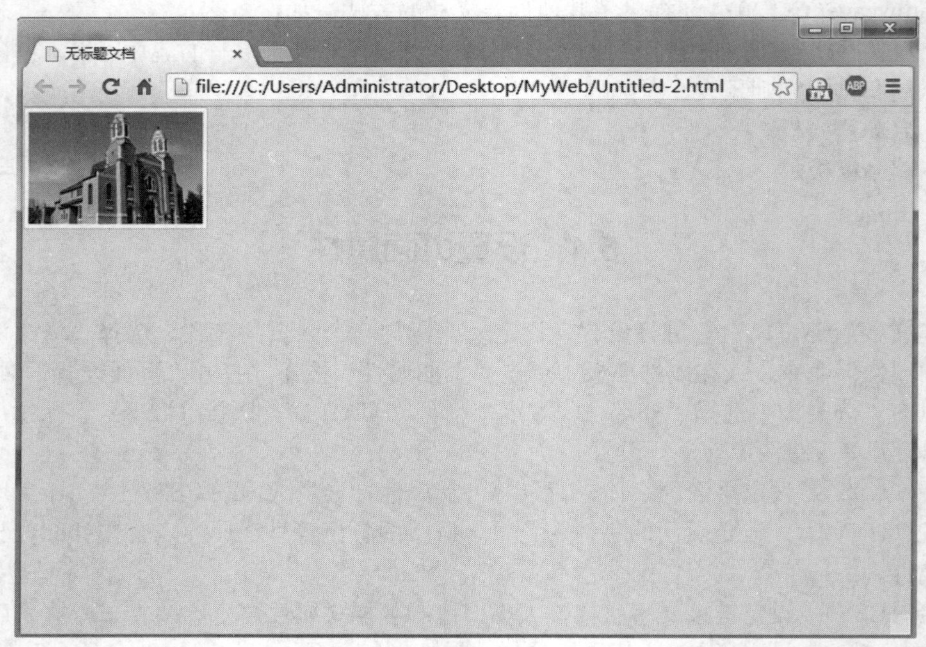

图 5-18 页面效果

这里对页面属性设置中的几个要点做一个说明：

（1）“页面字体”选项中列出的字体有限，如需更丰富的字体则单击“管理字体”选项（图 5-19），打开“管理字体”对话框。例如，要选择宋体，则单击“自定义字体堆栈”选项卡，双击右边“可用字体”中的“宋体”，将其选到“选择的字体”中，如图 5-20 所示。然后即可在“页面字体”列表中选择“宋体”。

图 5-19 管理字体

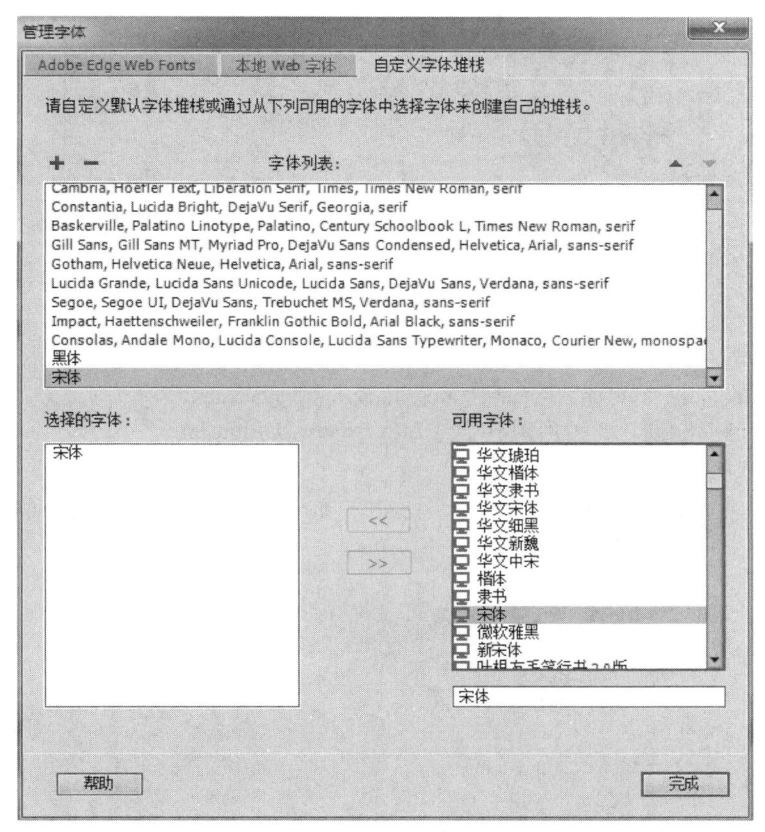

图 5-20　选择字体

（2）背景图像重复方式可以选择 no-repeat、repeat、repeat-x 和 repeat-y。

no-repeat：背景图像不重复。

repeat：背景图像在水平和垂直方向上都重复，直到铺满整个页面。

repeat-x：背景图像在水平方向重复。

repeat-y：背景图像在垂直方向重复。

（3）背景图像和背景颜色的关系。背景图像和背景颜色是两个图层，背景颜色图层在背景图像图层之下，如果背景图像铺不满整个网页，没有背景图像的地方就显示为背景颜色。

5.5　文件头内容

文件头内容，即<head>标签内的内容。

将元素插入文档的文件头部分。从“插入”菜单中的 Head 子菜单中选择一项，在打开的元素对话框中输入相应属性，则可在<head>标签中插入该元素。

例 5-2　插入<meta>标签实现刷新跳转效果

新建 HTML 文档，从“插入”菜单的 Head 子菜单中选择 META，在打开的 META 对话框中做如图 3-21 所示设置：

图 5-21　META 设置

则代码中出现：

```
<meta http-equiv="refresh" content="5;url=http://www.baidu.com">
```

效果是页面自动刷新，5 秒后跳转到“http://www.baidu.com”。

例 5-3　插入关键字

新建 HTML 文档，从“插入”菜单的 Head 子菜单中选择“关键字”，在打开的“关键字”对话框中做如图 5-22 所示设置。

图 5-22　关键字设置

代码中会出现：

```
<meta name="keywords" content="HTML;网页设计;CSS">
```

5.6　文本

5.6.1　文本

文本是网页中最基本也最常用的内容。在 Dreamweaver 中插入文本非常方便，直接在“设计”视图中输入文本，或将文本粘贴到相应位置即可。需要注意的是，原有文本中的换行符将被忽略。

虽然向网页中添加文本非常简单，但是要将文字按照合理的样式排版则稍微复杂些。Dreamweaver 提供了两种方法设置文本，一种是使用文本的属性标签，另一种是使用 CSS。后者的功能远远强于前者，推荐使用 CSS 来设置文本样式。

例 5-4　在网页中插入文字内容

新建一个 HTML 文档，切换到“设计”视图，在文档窗口中输入：

白日依山尽
黄河入海流

欲穷千里目
更上一层楼

注意，在每一行结束时单击“插入”菜单中的“字符”→“换行符”命令，在行尾插入一个换行符实现换行。回车键也可实现换行，但是每次换行后两行之间会出现一个空行。

该操作的 HTML 代码如下：

```
<!doctype html>
<html>
    <head>
        <meta charset="utf-8">
        <title>无标题文档</title>
    </head>
    <body>
    <p>白日依山尽<br>
        黄河入海流<br>
        欲穷千里目<br>
        更上一层楼</p>
    </body>
</html>
```

白日依山尽
黄河入海流
欲穷千里目
更上一层楼

图 5-23　添加文字内容

网页显示效果如图 5-23 所示。可以看到，每添加一个换行符，就会在代码中出现一个
标签。

5.6.2　字符

在 Dreamweaver 菜单栏中，选择“插入”→“字符”中的命令，可以插入换行符、空格、版权、注册商标、商标、英镑符号、日元符号、欧元符号、左引号、右引号、破折号等特殊字符。例如在上例中就出现了一些换行符。

但是需要注意的是，通过插入字符插入的是英文符号，中文符号可以直接输入。

5.6.3　段落

新建一个 HTML 文档，在 Dreamweaver 中单击“插入”菜单中的“结构”→“段落”命令，则会在文档中插入一个段落，以<p>标签作为段落标记。完成一个段落后，会自动出现段间距。

例 5-5　插入段落实例

新建 HTML 文档，在设计视图中，直接输入两个段落：

这是第一个段落。
这是第二个段落。两个段落之间有段间距。

实现的代码如下：

```
<!doctype html>
<html>
<head>
<meta charset="utf-8">
<title>无标题文档</title>
</head>
<body>
```

```
<p>这是第一个段落。</p>
<p>这是第二个段落。两个段落之间有段间距。</p>
</body>
</html>
```

显示效果如图 5-24 所示。

这是第一个段落。

这是第二个段落。两个段落之间有段间距。

图 5-24 段落

5.6.4 标题

新建一个 HTML 文档，在 Dreamweaver 中单击“插入”菜单中的“结构”→“标题”命令，可以在“标题 1”到“标题 6”中选择一个作为标题样式。

例 5-6 插入标题实例

新建 HTML 文档，单击“插入”菜单中的“结构”→“标题”→“标题 1”，在“设计”视图中出现“这是布局标题 1 标签的内容”，将其修改为“第一章”，同样的，插入“标题 2”，内容修改为“第 1.1 节”，再插入“标题 3”，内容修改为“第 1.1.1 节”，在浏览器中的效果如图 5-25 所示。

第一章

第1. 1节

第1. 1. 1节

图 5-25 插入标题

5.6.5 列表

在 Dreamweaver 中，当插入列表时，有两种选择：项目列表和编号列表，项目列表即无序列表，编号列表即有序列表。

新建一个 HTML 文档，在 Dreamweaver 中单击“插入”菜单中的“结构”→“项目列表（或编号列表）”，则在文档中插入一个<ul>（或<ol>）标签，而插入列表项则需要单击“插入”菜单中的“结构”→“列表项”，每次插入一个<li>标签。

当插入项目列表时，默认的列表样式是实心圆点；当插入编号列表时，默认的列表样式是小写数字。如需改变列表类型或列表样式，可以单击属性面板中的“项目列表”按钮，打开“列表属性”对话框。例如，可将列表样式改为“正方形”，设置如图 5-26 所示。

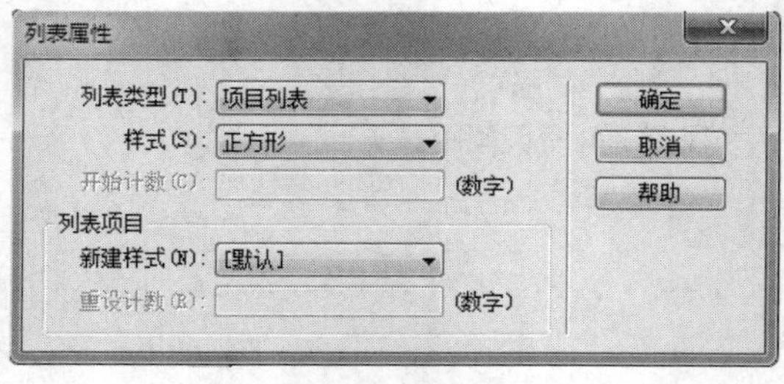

图 5-26 设置列表属性

对文本的设置还有其他操作，都比较简单，在此不一一赘述。

5.7　图像

之前的版本中都先保存新文件，然后再创建文档相对路径，因为如果没有一个确切起点，文档相对路径无效。但 Dreamweaver CC 2014 提供了一个非常完美的解决方式：在保存文件之前创建文档相对路径，Dreamweaver 将临时使用以“file://”开头的绝对路径，直至该文件被保存；当保存该文件时，Dreamweaver 将“file://”路径转换为相对路径。

5.7.1　插入图像

将光标移到要插入图片的地方，选择“插入”菜单中的“图像”→“图像”命令，在出现的文件选择对话框中选择要插入的图片。在目录窗口下方有一行“相对于”下拉框，选择“文档”为与文档的相对路径，另一个选项是与根目录的相对路径，通常选择“文档”。

例 5-7　将站点文件夹 images 下的“002.jpg”插入网页

操作：新建 HTML 文档，先保存到站点根目录下，命名为“pic.html”，切换到“设计”视图，将光标放在文档开头，选择“插入”菜单中的“图像”→“图像”命令，在出现的文件选择对话框中选择 images 文件夹下的“002.jpg”，即可将图像插入到当前位置，如图 5-27 所示。

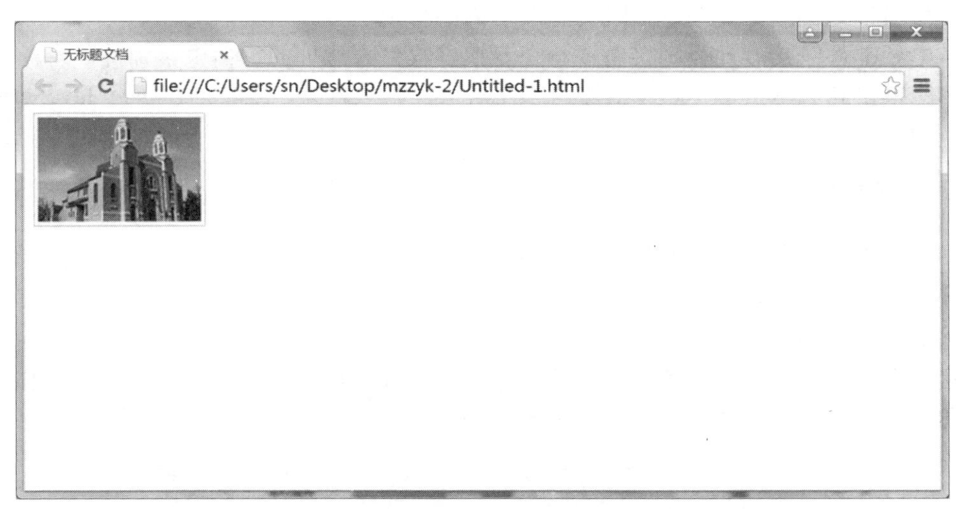

图 5-27　插入图片

代码为：

```
<img src="images/002.jpg" width="160" height="109" alt=""/>
```

由于 src="images/002.jpg"可见，这是图片相对于 HTML 文档的相对位置，这样操作后，如果需要将网站移植到其他计算机上，只需要把整个网站文件夹移动即可，网站内的所有网页的内容结构都不会受影响。

5.7.2　图像设置

在“设计”视图中单击图像，可以打开图像的属性检查器（图 5-28）。在属性检查器中可以设置图片的大小、位置、替换文本等内容，设置图像的链接，还可以在PS中打开图像、裁剪、重新取样、调整亮度和对比度、锐化等。

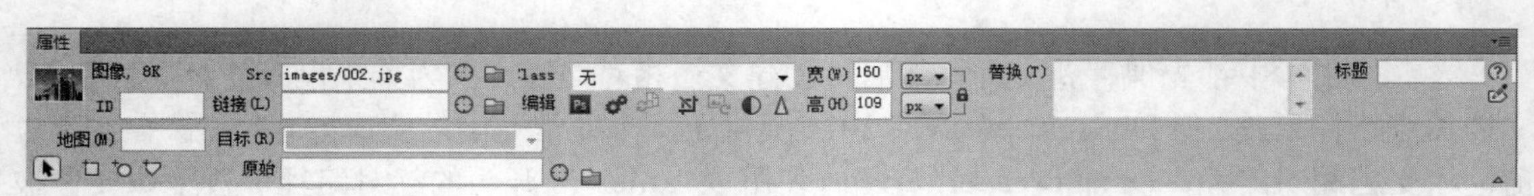

图 5-28　设置图像的属性

例 5-8　设置“002.jpg”的宽为200px，高为200px，替换文本为“这是一个实例图片”。

操作：图片的属性中，默认保持宽高比，即宽变化时，高按照比例变化。要取消这个设置，则需要单击按钮，切换为以解除尺寸约束。然后在“宽”中输入200，“高”中输入200，在“替换”中输入“这是一个实例图片”，即可。

5.8　超链接

创建链接之前，一定要清楚绝对路径、文档相对路径以及站点根目录相对路径的工作方式。在一个文档中可以创建几种类型的链接：

- 链接到其他文档或文件（如图形、影片、PDF或声音文件）的链接。
- 命名锚记链接，此类链接跳转至文档内的特定位置。
- 电子邮件链接，此类链接新建一个已填好收件人地址的空白电子邮件。
- 空链接和脚本链接，此类链接用于在对象上附加行为，或者创建执行JavaScript代码的链接。

5.8.1　文字超链接

选择“插入”菜单中的“超链接”命令，或在“插入”面板的“常用”类别中单击“超链接”按钮，即可插入超链接。

例 5-9　插入超链接实例

新建一个HTML文档，选择“插入”菜单中的Hyperlink命令（或在“插入”面板的“常用”类别中单击Hyperlink按钮），打开Hyperlink对话框，按图5-29所示设置。

Hyperlink
文本: 超级链接
链接: pic.html
目标: _blank
标题: 链接到pic.html
访问键:
Tab 键索引:
确定
取消
帮助

图 5-29　插入超链接

页面显示效果如图 5-30 所示，当鼠标移到链接上时，显示标题“链接到 pic.html”。单击超链接后，将打开同目录下的 pic.html 页面。

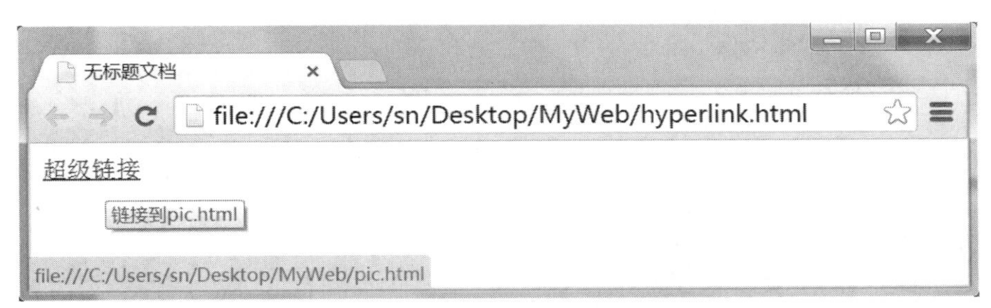

图 5-30　超链接页面

以下是设置“目标”时几个选项的意义：

_blank——在新窗口中打开链接。

_parent——在父窗口中打开链接。如果包含链接的框架不是嵌套的，则链接文件加载到整个浏览器窗口中。

_self——在当前窗口中打开链接。此目标是默认的，所以通常不需要指定它。

_top——将链接的文件载入完整浏览器窗口，从而删除所有框架。

5.8.2　电子邮件链接

单击电子邮件链接时，将打开邮件程序（例如 Outlook）。在电子邮件消息窗口中，“收件人”框自动更新为显示电子邮件链接中指定的地址。

在文档窗口的“设计”视图中，将光标放在希望出现电子邮件链接的位置，或者选择要作为电子邮件链接出现的文本或图像。选择“插入”菜单中的“电子邮件链接”，或者在“插入”面板的“常用”类别中单击“电子邮件链接”按钮，打开“电子邮件链接”对话框。在“文本”框中，键入或编辑电子邮件的正文，在 E-mail 框中，键入电子邮件地址，然后单击“确定”按钮。

5.9　表格

表格用于在网页上显示表格式数据。表格由一行或多行组成，每行又由一个或多个单元格组成。Dreamweaver 允许操作列、行和单元格。

5.9.1　插入表格

在 Dreamweaver 中插入表格的操作十分简单。新建一个 HTML 文档，命名为“table.html”保存。

选择“插入”菜单的“表格”命令，在出现的“表格”对话框（图 5-31）中指定表格的行数、列数、列宽和边线宽度，这时文档窗口的文本光标处会出现一个空白表格（图 5-32）。如果开始时不能确定这些参数，那么也可以使用默认值，后面还可以用属性检查器来修改表格。

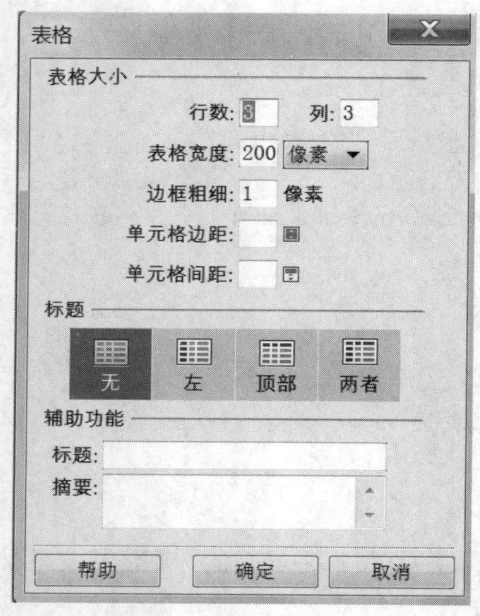

图 5-31 “表格”对话框

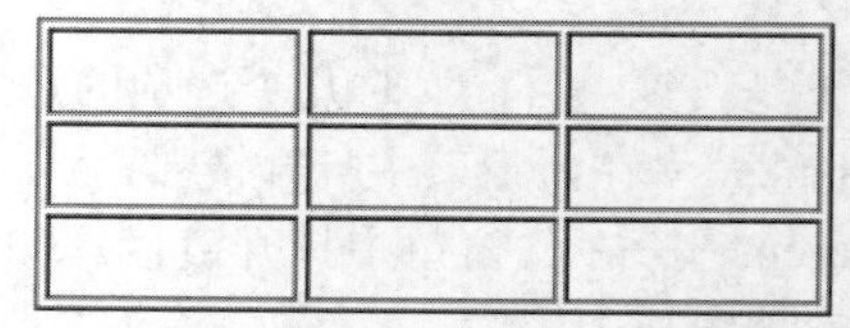

图 5-32 表格

5.9.2 表格属性

通过在表格的属性检查器中进行设置，可以非常方便地修改表格的属性。属性检查器可以分别控制整个表格、表格的一行、表格的一列或一个单元格。属性检查器的控制对象由选中的对象决定。当把鼠标移到表格的四周时，鼠标指针的形状变为空心箭头，单击鼠标左键，可以选中整个表格。这时属性检查器各项参数的作用如下：

- 行和列：设定表格的行数和列数。
- 宽：设定表格宽度。可以通过浏览器窗口百分比或使用绝对像素数来定义。
- 填充：设定单元格中的内容与单元格边线之间的距离，缺省值为 1。
- 间距：设定单元格之间的距离，缺省值为 2。
- 对齐：设定表格的对齐方式，居左、居中或居右。
- 和：清除行高和列宽。
- 和：根据当前值，把宽度转换为绝对像素数或窗口宽度的百分比。
- 边框：设定表格外框的宽度。

将光标放在某个单元格内，可以选定单元格；当鼠标在表格的某行左侧或列上方时，单击鼠标可以选定当前行或列。

此时，属性检查器中的各项参数作用如下：

- 水平和垂直：设定单元格内文字的对齐方式。
- 宽和高：设定单元格（行、列）的宽和高。
- 不换行：单元格内容不换行。
- 标题：使单元格成为标题单元格。
- 背景颜色：设置单元格（行、列）的背景颜色。

例 5-10　设置表格属性实例

在上例的基础上进行设置。

1. 设置整个表格的属性

选中整个表格，设置宽度为 600，边框为 3，如图 5-33 所示。

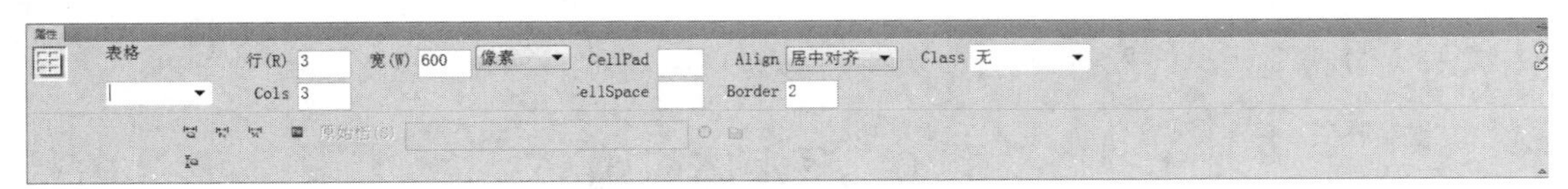

图 5-33　设置整个表格的属性

设置后，表格如图 5-34 所示。

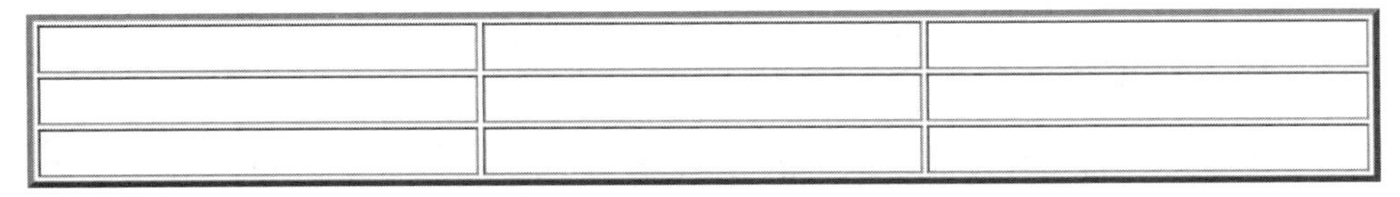

图 5-34　表格效果

2. 设置行、列、单元格的属性

在“设计”视图中，将光标放在第一行的左侧，当光标变为实心箭头时，单击，选中第一行，设置宽为 200，高为 200，背景颜色为#00FF00，水平对齐方式为“居中对齐”，垂直对齐方式为“基线”，如图 5-35 所示。

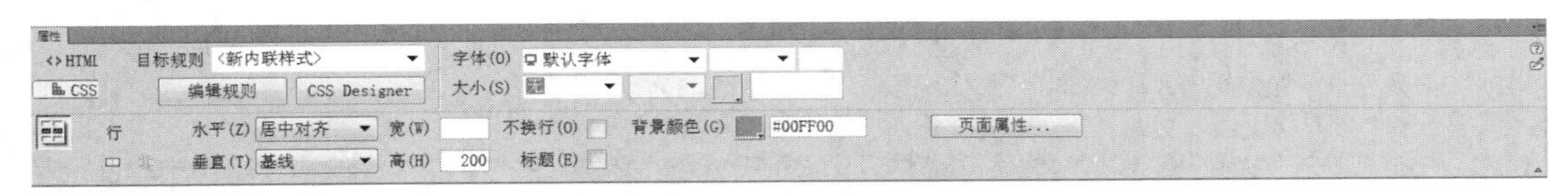

图 5-35　表格设置

在第一行中输入文字，在浏览器中查看表格效果，如图 5-36 所示。

图 5-36　设置第一行的效果

5.9.3　表格的其他操作

选定表格、行、列、单元格后右击，选择右键菜单中“表格”中的命令，可以进行“选择表格”“合并单元格”“拆分单元格”“插入行”“插入列”“插入行或列”“删除行”“删除列”等操作，根据选择内容的不同，有些选项会成为不可用选项。

例 5-11 添加列的实例

在上例的基础上进行操作。

将光标放在第三列的上方，当光标变成实心箭头时，单击选中第三列。右击，在右键菜单中选择“表格”→“插入列”，会在当前列左侧插入一列。

5.10 多媒体应用

在 Dreamweaver 中，可十分方便地插入 HTML5 音频、HTML5 视频、Flash 音频、视频和其他插件。

5.10.1 HTML5 音频

在 Dreamweaver 菜单栏中选择“插入”→“媒体”→“HTML Audio”，即在网页中插入一个 audio 元素。

在属性检查器中，可以设置 HTML5 音频的源、标题、回退文本、控件、自动播放、循环、静音、预加载等属性。

如果“源”中的音频格式在浏览器中不被支持，则会使用“Alt 源 1”或“Alt 源 2”中指定的音频格式。浏览器选择第一个可识别格式来显示音频。

例 5-12 插入 HTML5 音频实例

新建 HTML 文档，在 Dreamweaver 菜单栏中选择“插入”→“媒体”→HTML Audio，在网页中插入一个 audio 元素。对属性检查器做如图 5-37 所示设置。

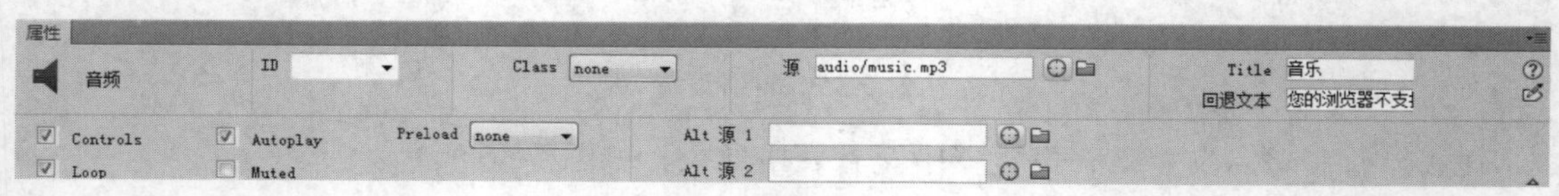

图 5-37 HTML5 音频设置

对该设置的解释：

设置音频的源文件是“audio/music.mp3”，标题为“音乐”，回退文本为“您的浏览器不支持 HTML5 音频”，当浏览器不支持 HTML5 时，网页显示该文字。将音频设置为显示控件、循环播放、自动播放。

页面显示效果如图 5-38 所示。

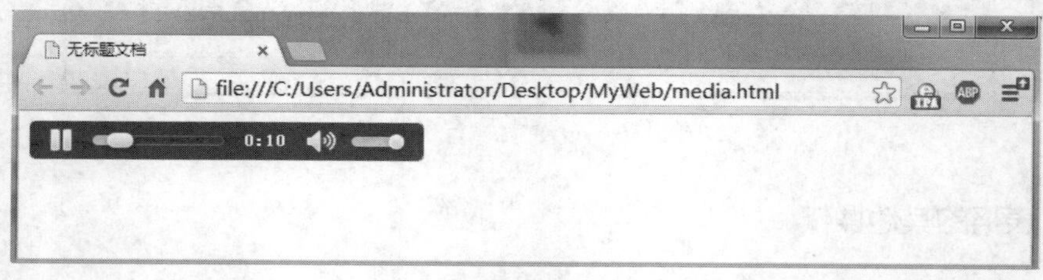

图 5-38 HTML5 音频显示效果

5.10.2　HTML5 视频

在 Dreamweaver 的菜单栏中选择“插入”→“媒体”→HTML video，即在网页中插入一个 video 元素。

在属性检查器中，可以设置 HTML5 视频的属性，与 HTML5 音频类似，但多出几个属性：控件的宽和高、海报（在视频未播放时显示的图像）、Flash 视频（对于不支持 HTML 的视频的浏览器可以选择 Flash 视频）。

如果“源”中的视频格式在浏览器中不被支持，则会使用“Alt 源 1”或“Alt 源 2”中指定的视频格式。浏览器选择第一个可识别格式来显示视频。

例 5-13　插入 HTML5 视频实例

新建 HTML 文档，在 Dreamweaver 菜单栏中选择“插入”→“媒体”→“HTML video”，在文档中插入视频，并在属性检查器中做如图 5-39 所示设置。

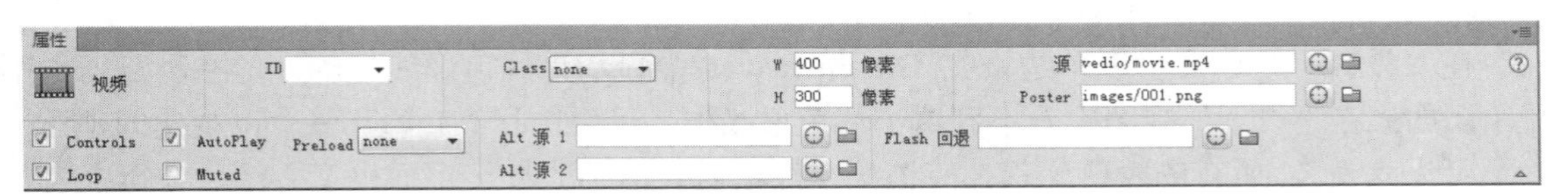

图 5-39　HTML5 视频设置

当未播放视频时，页面显示效果如图 5-40 所示。

图 5-40　未播放视频时页面显示效果

5.10.3　Flash SWF（视频）

随着 HTML5 被越来越多的浏览器支持，随之而来的是 Flash 插件在浏览器中的地位日趋下降，从 Flash 全面转向 HTML5 是互联网进化的大趋势。但至少目前，Flash 插件应用还很广泛。Dreamweaver 提供了对 Flash 插件的支持，便于用户在网页中使用 Flash 插件播放音频和视频。在 Dreamweaver 菜单栏中选择“插入”→“媒体”→Flash SWF（Flash Video），可以在页面中插入 Flash SWF（Flash 视频）。

5.11 表单

当访问者在 Web 浏览器显示的 Web 表单中输入信息，然后单击提交按钮时，这些信息将被发送到服务器，服务器中的服务器端脚本或应用程序会对这些信息进行处理。服务器向用户（或客户端）发回所处理的信息或基于该表单内容执行某些其他操作，以此进行响应。

HTML5 表单元素做了相当大的改进，尤其是对移动设备的支持。作为 HTML5 支持的一部分，Dreamweaver 在属性检查器中为表单元素引入了新属性。此外，在“插入”面板的“表单”部分引入了四个新的表单元素（电子邮件、搜索、电话、URL）。

5.11.1 表单

在 Dreamweaver 中，将插入点放置在希望表单出现的位置，然后从“插入”菜单中选择“表单”，就可以添加一个 HTML 表单。

在“设计”视图中，表单边框在 Dreamweaver 中显示为红色虚线轮廓，但在浏览器中不显示。如果在“设计”视图中看不到这个红色虚线框，可以选择“查看”→“可视化助理”→“不可见元素”。所有的表单元素都应该放在红框内（但 HTML5 也提供了方法，使得在表单之外也可以提交表单）。

单击红色虚线轮廓选中表单时，表单的属性检查器如图 5-41 所示。各属性的作用如下：

- ID：标识该表单的唯一名称。可以使用脚本语言（如 JavaScript 或 VBScript）引用或控制该表单。
- Action：表单提交的路径，以指定将处理表单数据的页面或脚本。
- Method：指定将表单数据传输到服务器的方法。可以设置为：默认值、GET 或 POST。
- Enctype：指定对提交给服务器进行处理的数据使用 MIME 编码类型。
- Target：指定页面跳转时在哪个窗口打开。可以设置为：
  _blank：在新窗口中打开目标文档。
  _parent：在显示当前文档的窗口的父窗口中打开目标文档。
  _self：在提交表单时所在的同一窗口中打开目标文档。
  _top：在当前窗口的窗体内打开目标文档。此值可用于确保目标文档占用整个窗口，即使原始文档显示在框架中时也是如此。
- Accept Charset：指定服务器对表单数据可处理的字符集。

图 5-41 表单的属性检查器

例 5-14 插入表单实例

新建 HTML 文档，在“插入”菜单中选择“表单”，即可在网页中插入一个表单，当然，此时在网页上看不到任何内容，但在“设计”视图中会出现表单的红框，如图 5-42 所示。

图 5-42　插入表单

5.11.2　标签

在菜单栏中选择“插入”→“表单”→“标签”，可以插入一个标签（<label>标签）。

例 5-15　插入标签实例

将光标放在上例的表单中，在菜单栏中选择“插入”→“表单”→“标签”，插入一个标签，在“代码”视图中<label></label>之间直接输入“用户名：”，会在表单中产生一个文本“用户名：”，如图 5-43 所示。

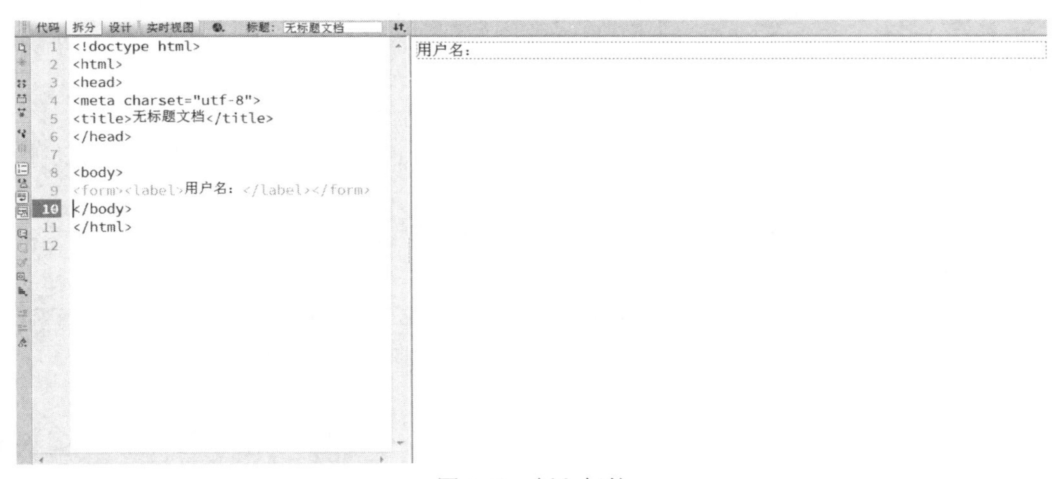

图 5-43　插入标签

5.11.3　文本域

可插入单行文本框或文本区域（多行文本）。

1．单行文本框

将插入点放在表单内要插入文本框的位置，在菜单栏中选择“插入”→“表单”→“文本”，即可插入一个文本框。属性检查器（图 5-44）中各属性的作用如下：

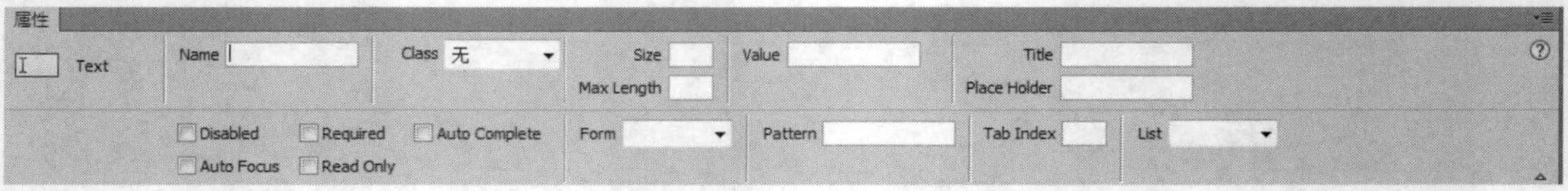

图 5-44 文本框的属性检查器

- Name：对象的唯一名称。
- Class（类）：将 CSS 规则应用于文本框。
- Size（字符宽度）：指定域中最多可显示的字符数。默认值为 20。
- Max Length（最多字符数）：指定用户在单行文本框中最多可输入的字符数。如果保留为空白，则用户可以输入任意数量的文本。如果超过文本框的字符宽度，文本将滚动显示。如果用户的输入超过了最多字符数，则表单会发出警告声。
- Value（初始值）：指定在首次加载表单时域中显示的值。
- Title（标题）：标题说明（在浏览器中显示为工具提示）。
- Place Holder（占位符）：它会对用户的输入进行提示，提示用户可以输入的内容。在获得焦点时显示为空白，在失去焦点时显示为预先设置的文本。
- Disabled（禁用）：文本框不能输入文字，此时文本框显示为灰色。
- Required（必填）：用户提交时进行检查，检查该元素内必须有输入内容。
- Auto Complete（自动完成）：可以赋值为 on 或者 off。当为 on 的时候，浏览器能自动存储用户输入的内容。当用户返回到曾经填写过值的页面的时候，浏览器能把用户写过的值自动填写在相应的 input 框里。
- Auto Focus（自动获得焦点）：在页面加载完成的时候自动聚焦到此文本框。一个页面至多有一个元素设置为 Auto Focus。
- Read Only（只读）：使文本框不能输入，外观没有变化。
- Form（表单）：指定对象属于哪个表单，从而使对象不必放到表单之内。
- Pattern：规定用于验证输入字段的正则表达式（正则表达式的知识请参考其他介绍 JavaScript 的文献）。
- Tab Index（Tab 键顺序）：设置 Tab 键的移动顺序。
- List：与此元素关联的数据列表标签的 ID。

当插入其他表单元素时，属性检查器的属性与之类似，根据元素的不同会略有区别。下文介绍时，相同的属性不再赘述。

例 5-16 插入文本框实例

光标放在上例中插入的标签后面，在菜单栏中选择“插入”→“表单”→“文本”，插入一个文本框，并在该文本框的属性检查器中，设置其 Place Holder 属性为“请输入用户名”，则在浏览器中的显示效果如图 5-45 所示。

用户名：请输入用户名

图 5-45 文本框

2. 文本区域

将插入点放在表单内要插入文本区域的位置，在菜单栏中选择“插入”→“表单”→“文本区域”，即可插入一个多行文本区域。与文本框的属性不同的是：

- Rows（行）和 Cols（列）：通过行、列属性来规定文本区域可见的尺寸。
- Wrap（换行）：设置文本输入区内的换行模式。

例 5-17　插入文本区域实例

在上例的文本框后回车，使其换行。

在新行插入一个标签，内容为“个人简介：”。光标放在标签之后，在菜单栏中选择“插入”→“表单”→“文本区域”，插入一个多行文本区域。

在这个多行文本区域的属性检查器中，设置行（Rows）为 5，列（Cols）为 40，显示效果如图 5-46 所示。

图 5-46　文本区域

5.11.4　电子邮件

在菜单栏中选择“插入”→“表单”→“电子邮件”，可以插入一个电子邮件类型的输入域，在 PC 端的浏览器上，电子邮件类型的输入域与普通文本框没有区别。但在移动设备端时，当用户单击该字段，移动设备将显示相应的键盘。

5.11.5　密码

在菜单栏中选择“插入”→“表单”→“密码”，可以插入一个密码类型的输入域。

例 5-18　插入密码实例

在用户名标签及文本框之后回车换行。

插入标签，内容为“密码：”，之后在菜单栏中选择“插入”→“表单”→“密码”，插入一个密码域。在浏览器中，当在密码框中输入字符时，显示效果如图 5-47 所示。

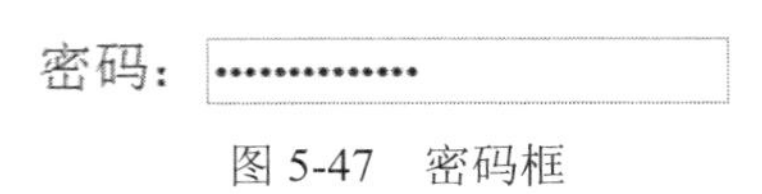

图 5-47　密码框

5.11.6　单选按钮

单选按钮是以组的方式工作的，并且提供的是互相排斥的选择，所以一组单选按钮中只能选取一个选项。

在 Dreamweaver 中，可以插入单选按钮，也可以插入单选按钮组。

在菜单栏中选择“插入”→“表单”→“单选按钮”，插入一个单选按钮。

在菜单栏中选择“插入”→“表单”→“单选按钮组”，打开“单选按钮组”对话框（图 5-48），这时在页面中插入一个单选按钮组，单击 **+**、**−** 按钮可以增加或删除单选按钮。页面显示效果如图 5-49 所示。

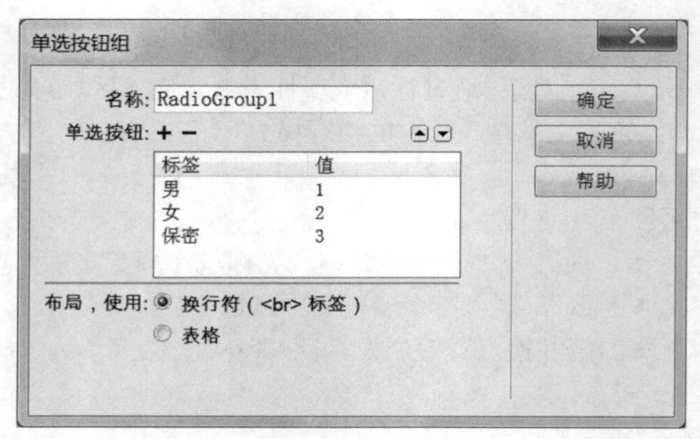

图 5-48 “单选按钮组”对话框

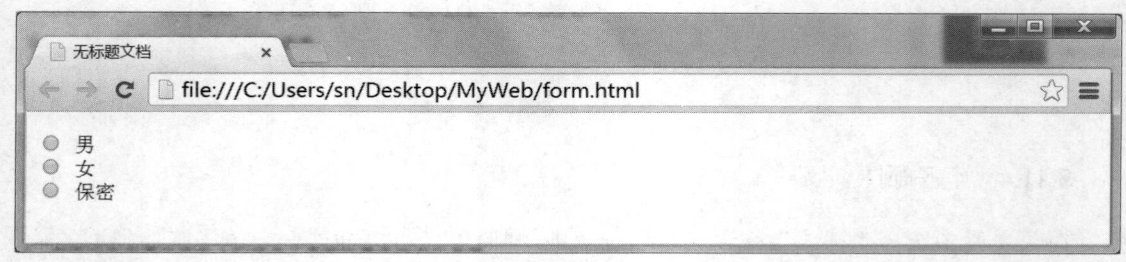

图 5-49 单选按钮显示效果

在单选按钮的属性检查器中，有一个属性是 checked，用来设置单选按钮是否被选中。

5.11.7 复选框

在 Dreamweaver 中，可以插入一个复选框，也可以插入复选框组。

在菜单栏中选择“插入”→“表单”→“复选框”，插入一个复选框。

在菜单栏中选择“插入”→“表单”→“复选框组”，打开“复选框组”对话框（图 5-50），这时在页面中插入一个复选框组，单击 **+**、**−** 按钮可以增加或删除复选框。页面显示效果如图 5-51 所示。

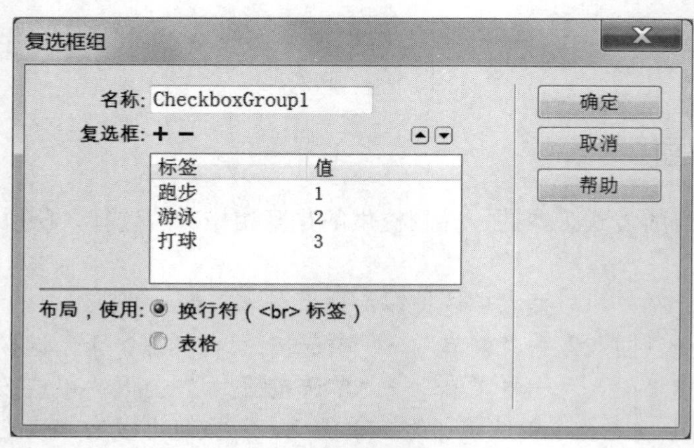

图 5-50 “复选框组”对话框

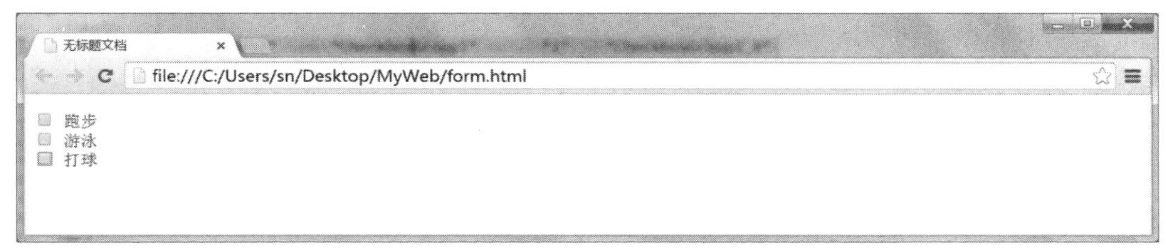

图 5-51　复选框显示效果

在复选框属性检查器中的 checked 属性，用来设置复选框是否被选中。复选框组中可以选择多个复选框。

5.11.8　下拉列表

在 Dreamweaver 菜单栏中选择“插入”→“表单”→“选择”，可以插入一个下拉列表框。

下拉列表的特殊属性有 selected 和列表值（图 5-52）。列表值中设置了要在下拉列表中显示的选项，selected 则定义了哪项被选中。

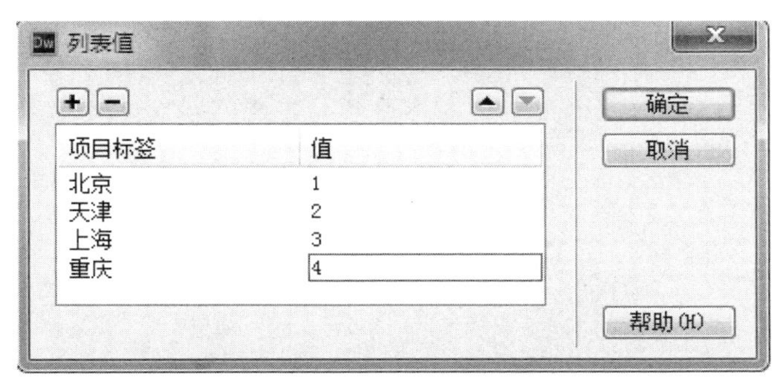

图 5-52　“列表值”对话框

5.11.9　Url

在 Dreamweaver 菜单栏中选择“插入”→“表单”→Url，可以插入一个 url 类型的输入域。设置为 Url 后能够在最新的移动设备上弹出相应的键盘。

5.11.10　Tel

在 Dreamweaver 菜单栏中选择“插入”→“表单”→Tel，可以插入一个电话类型的输入域。

目前，国际上没有统一的电话号码格式，因此设置为 Tel 类型在 PC 端看起来没什么作用，而在移动设备上会弹出相应的电话键盘。这不仅使得电话号码的输入大为简化，而且也能够防止在移动设备上输入无效字符。

5.11.11　搜索

在 Dreamweaver 菜单栏中选择“插入”→“表单”→“搜索”，可以插入一个搜索类型的输入域。

设置搜索类型后，并不会自动创建一个搜索字段，仍然要靠服务器端代码才能实现搜索。

5.11.12 数字

在 Dreamweaver 菜单栏中选择“插入”→“表单”→“数字”，可以插入一个数字类型的输入域，如图 5-53 所示，会显示为一个带有上下箭头可选择数字的输入域。

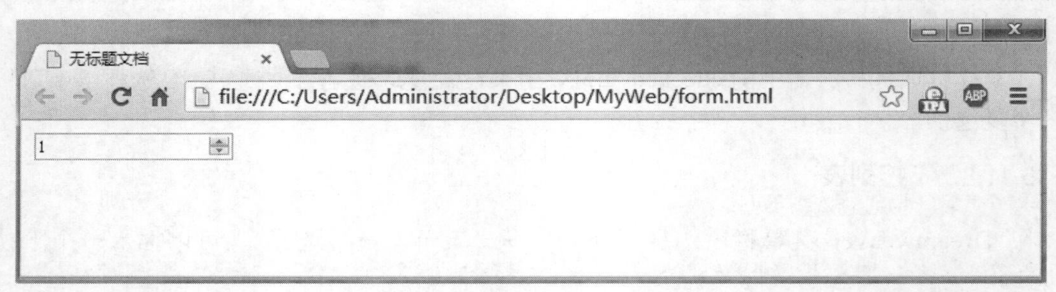

图 5-53 数字类型输入域

数字类型的属性中，有三个较为特殊的属性：min、max 和 step，分别为数字的最小值、最大值和步长。

设置为数字类型后，能够创建一个适用于数值输入的字段。在 iOS 中，单击该字段将显示一个数字键盘，也可以切换到数字字母输入方式；而在 Android 中，该键盘只允许输入数字和有限的标点符号字符。

5.11.13 范围

在 Dreamweaver 菜单栏中选择“插入”→“表单”→“范围”，创建一个允许用户选择数值的滑动条，如图 5-54 所示。

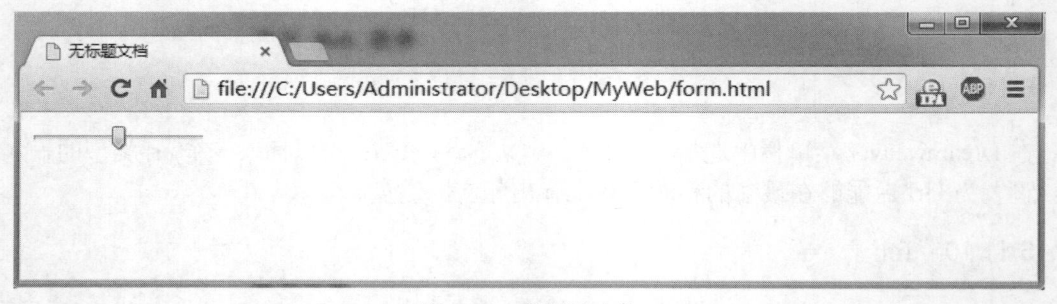

图 5-54 范围滑动条

范围类型也具有 min、max 和 step 属性，表示滑动条的最小值、最大值和步长。

5.11.14 颜色

在 Dreamweaver 的菜单栏中选择“插入”→“表单”→“颜色”，可以插入一个颜色框。该框能够扩展显示颜色板，如图 5-55 所示。允许选择和保存自定义颜色。当提交表单时，选中的颜色是以十六进制颜色值传送的。

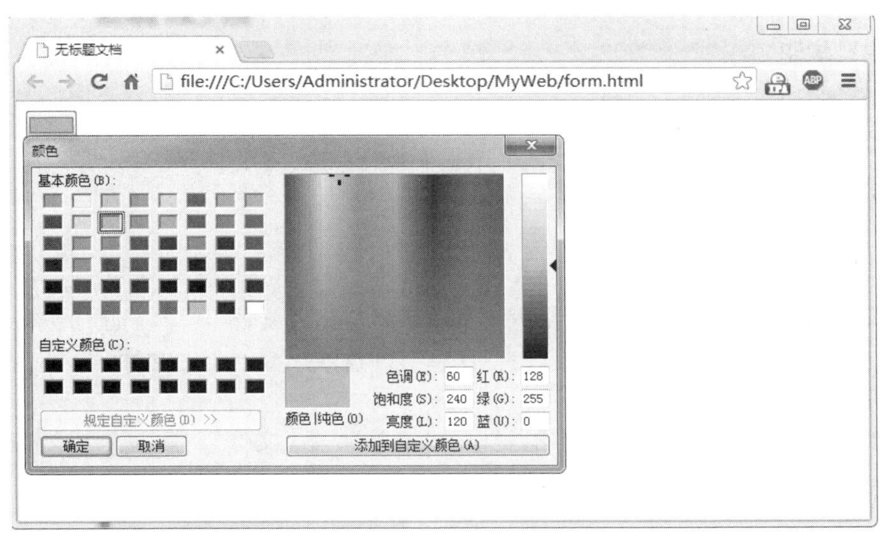

图 5-55　颜色选择框

5.11.15　日期和时间

Dreamweaver 在“插入”菜单的“表单”子菜单中提供了“月”“周”“日期”“时间”“日期时间”“日期时间（当地）”六种与日期和时间相关的输入类型。

例 5-19　插入“月”类型的日期输入域（图 5-56）

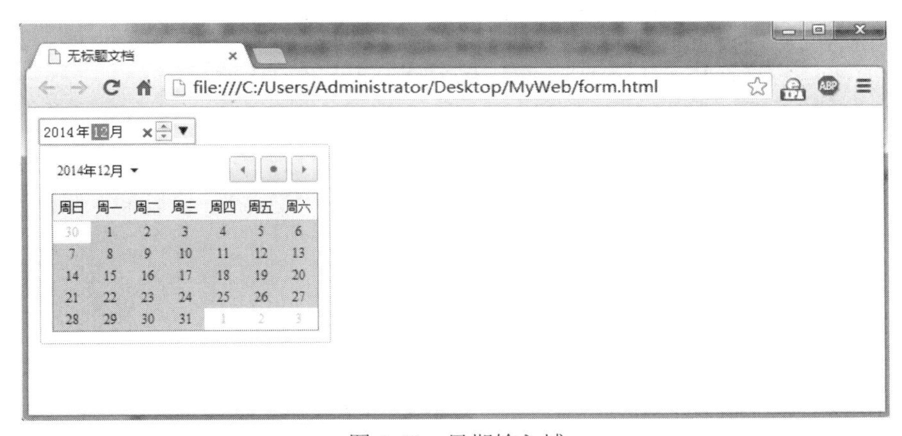

图 5-56　日期输入域

在日期和时间的属性检查器（图 5-57）中，比较独特的属性是 Value、Min 和 Max，Value 是用日期格式表示的初始值，Min 是日期选择器中的最小值，Max 是日期选择器中的最大值。三个属性都能够由用户通过 UTC 下拉列表设置日期格式。

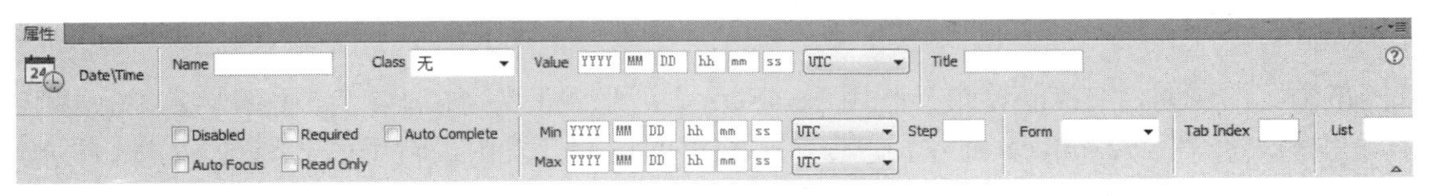

图 5-57　日期和时间的属性检查器

5.11.16 按钮

在 Dreamweaver 菜单栏中选择“插入”→“表单”→“按钮”(或“提交”按钮/“重置”按钮)，可以在页面中插入一个普通按钮（或提交按钮/重置按钮)。

建议使用 CSS 来定义按钮的样式。

5.11.17 文件

在 Dreamweaver 菜单栏中选择“插入”→“表单”→“文件”，可以插入一个专用的文件上传控件，用户可以用它指定一个位于自己计算机硬盘或局域网上的文件。

例 5-20 插入文件域实例

在 Dreamweaver 菜单栏中选择“插入”→“表单”→“文件”，插入一个文件上传控件，如图 5-58 所示。

上传文件: 选择文件 未选择任何文件

图 5-58 文件上传控件

5.11.18 图像按钮

在 Dreamweaver 的菜单栏中选择“插入”→“表单”→“图像按钮”，可以插入一个以图像作为图标的按钮。在属性检查器的 src 属性中，可以设置图像的源文件的路径，另外，还可以通过宽度和高度属性设置按钮的宽和高。

注意：图像按钮具有提交表单的功能，可能会造成表单的重复提交。

5.11.19 隐藏

在 Dreamweaver 菜单栏中选择“插入”→“表单”→“隐藏”，可以插入隐藏字段，隐藏字段对于用户是不可见的。

5.12 结构

在 Dreamweaver 菜单栏中选择“插入”→“结构”中的选项，可以插入“Div（层)”“Header（页眉)”“Navigation（导航)”“aside（侧边)”“main（主结构)”“article（文章)”“section（章节)”“footer（页脚)”等结构元素。通过给这些结构元素指定 CSS 样式，能实现页面的布局，这部分内容将和 CSS 一起讲解。

5.13 在 Dreamweaver 中插入 jQuery UI

在浏览网页时，常常能看到一些用 JavaScript 实现的特效，如选项卡、手风琴效果的菜单、时间选择器等。在 Dreamweaver 中，提供了一些 Web 设计开发中最常用的 jQuery UI 接口框架，使得设计师在对 JavaScript 不甚了解的情况下也可以制作出这些效果。

例 5-21　手风琴效果的可折叠菜单实例

在 Dreamweaver 菜单栏中选择“插入”→jQuery UI→Accordion，在页面中插入一个手风琴效果的可折叠菜单，如图 5-59 所示。当插入这个菜单时，Dreamweaver 会自动将所需的 jQuery 文件引入。在“设计”视图中可以修改这个可折叠菜单的内容，在属性检查器中可以设置相应的属性。

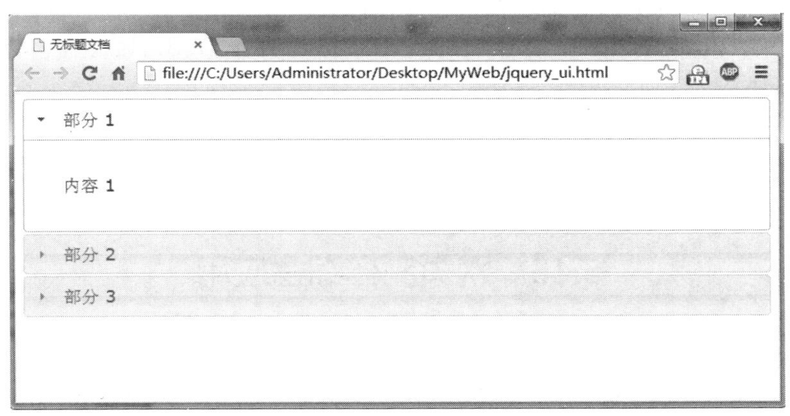

图 5-59　手风琴效果的可折叠菜单

5.14　在 Dreamweaver 中使用 CSS

在 Dreamweaver 中提供了 CSS 设计器，能让用户“可视化”地创建 CSS 样式和规则并设置属性和媒体查询。CSS 设计器的界面如图 5-60 所示。

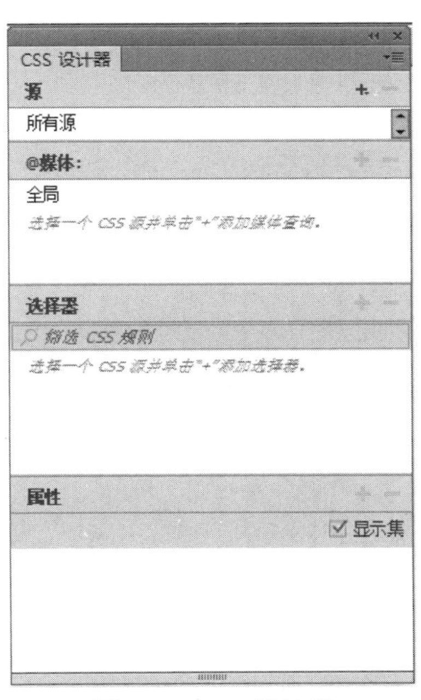

图 5-60　CSS 设计器

“CSS 设计器”面板由源、@媒体、选择器和属性等窗格组成。

源：列出与文档相关的所有 CSS 样式表。使用此窗格，可以创建 CSS 并将其附加到文档，也可以定义内联样式。

@媒体：列出所选源中的全部媒体查询。若不选择特定 CSS，则此窗格将显示与文档关联的所有媒体查询。

选择器：列出所选源中的全部选择器。如果同时还选择了一个媒体查询，则此窗格会为该媒体查询缩小选择器列表范围。如果没有选择 CSS 或媒体查询，则此窗格将显示文档中的所有选择器。

属性：显示可以为指定的选择器设置的属性。

CSS 设计器的具体应用将在本章综合应用中给出实例。

5.15 网页制作综合应用

在这个例子里展示如何在 Dreamweaver 中实现上一章的代码，包括 HTML 代码和 CSS 代码。要注意的是，尽管在本节中，尽量不用手写的方式，而是使用 Dreamweaver 提供的插入、设置等功能，但在使用 Dreamweaver 时一定要结合“设计”视图和“代码”视图一起编辑，这样可以大大提高设计的效率。而且应该记住，Dreamweaver 只是编辑 HTML 代码的辅助工具。

5.15.1 新建站点和文档

打开 Dreamweaver，选择菜单栏中的“站点”→“新建站点”，选择站点的文件夹为“MyWeb-chapter5”（文件夹里已经有所需的资源文件，并且按目录整理好）。

新建 HTML 文档，命名为“article.html”，保存在站点根目录下。

5.15.2 设置 body 的样式

在 CSS 设计器中，选择“源”中的加号，增加一个 CSS 源（选择“在页面中定义”），如图 5-61 所示，在“源”中会出现“<style>”，在 HTML 代码中会出现：

```
<style type="text/css">
</style>
```

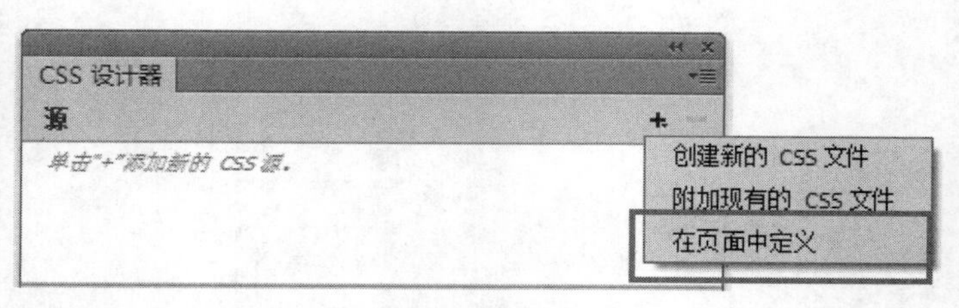

图 5-61 添加 CSS 源

选中<style>，在“选择器”中单击加号增加一条 CSS 规则，名称为 body。选中 body，在属性检查器中设置 margin 为 0，padding 为 0，background 为#eee，如图 5-62 所示。

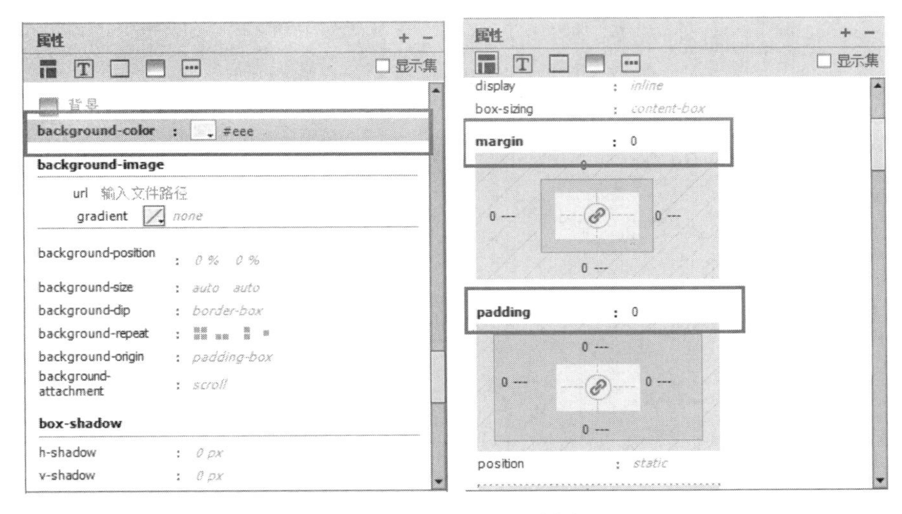

图 5-62　设置 body 样式

设置完成后，在<style>中新增了一条 CSS 规则：

```
body {
        padding: 0;
        margin: 0;
        background-color: #eee;
}
```

类似的，新增另一条 CSS 规则：

```
ul {
        list-style-type: none;
        text-align: left;
}
```

5.15.3　header 区域

1. header 整体

切换到“设计”视图，选择菜单栏中的“插入”→“结构”→“页眉”，打开“插入 Header”对话框（图 5-63），单击“新建 CSS 规则”按钮，打开“新建 CSS 规则”对话框，选择器类型选择“标签（重新定义 HTML 元素）”，选择器名称选择 header，如图 5-64 所示。

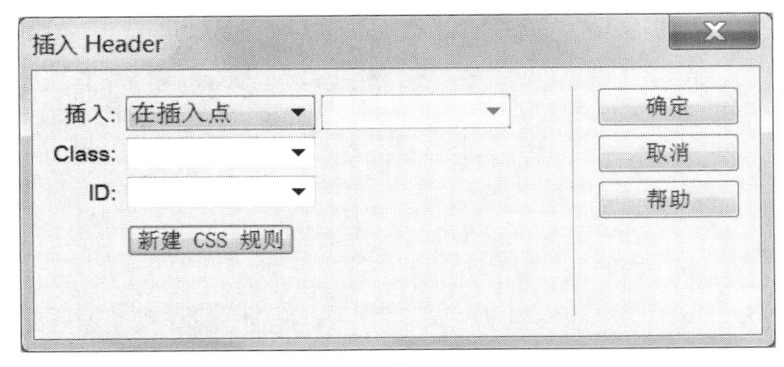

图 5-63　插入 Header

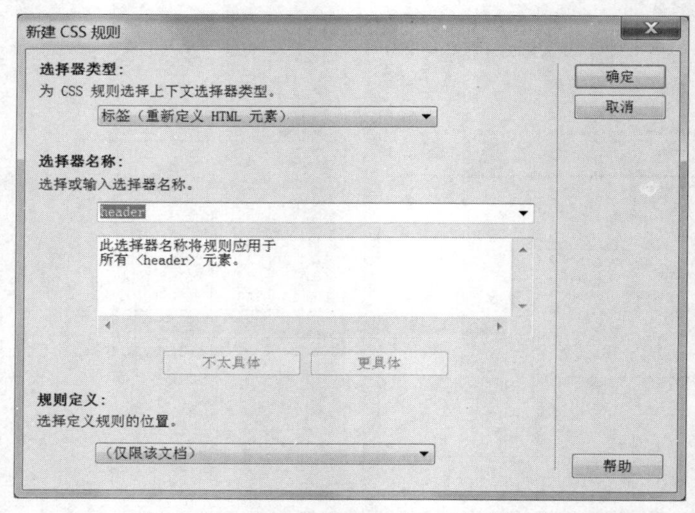

图 5-64 “新建 CSS 规则”对话框设置

“header 的 CSS 规则定义”对话框的设置如图 5-65 所示。

header 的 CSS 规则定义
分类 背景
类型
背景
区块
方框
边框
列表
定位
扩展
过渡
Background-color(C): #149de0
Background-image(I): 浏览...
Background-repeat(R):
Background-attachment(T):
Background-position (X): px
Background-position (Y): px
帮助(H) 确定 取消 应用(A)

header 的 CSS 规则定义
分类 方框
类型
背景
区块
方框
边框
列表
定位
扩展
过渡
Width(W) : 90 % Float(T) :
Height(H) : 160 px Clear(C) :
Padding
全部相同(S)
Top(P) : px
Right(R) : px
Bottom(B) : px
Left(L) : px
Margin
全部相同(F)
Top(O) : 5 px
Right(G) : auto px
Bottom(M) : 5 px
Left(E) : auto px
帮助(H) 确定 取消 应用(A)

图 5-65 CSS 设置

这样就在页面中插入了一个 header 区域，如图 5-66 所示。

图 5-66　header 区域

2. 插入 LOGO、Banner 和搜索框

接着插入 LOGO、Banner 和搜索框。之前可以先设置好这几个元素所需要的样式：

```
.inline-block{display:inline-block;}
.logo{font-size:30px;color:white;}
```

样式可以直接写在 header 样式后面，也可以使用 CSS 设计器添加。

将光标放在 header 内部，选择菜单栏中的“插入”→“结构”→“项目列表”，插入一个<ul>标签，然后选择菜单栏中的“插入”→“结构”→“项目项”，插入一个列表项，输入列表项的内容“BYW”作为 LOGO，在它的属性检查器中，选择目标规则为“应用多个类”，在打开的“多类选区”对话框中，选择 inline-block 和 logo 两个类，如图 5-67 所示。

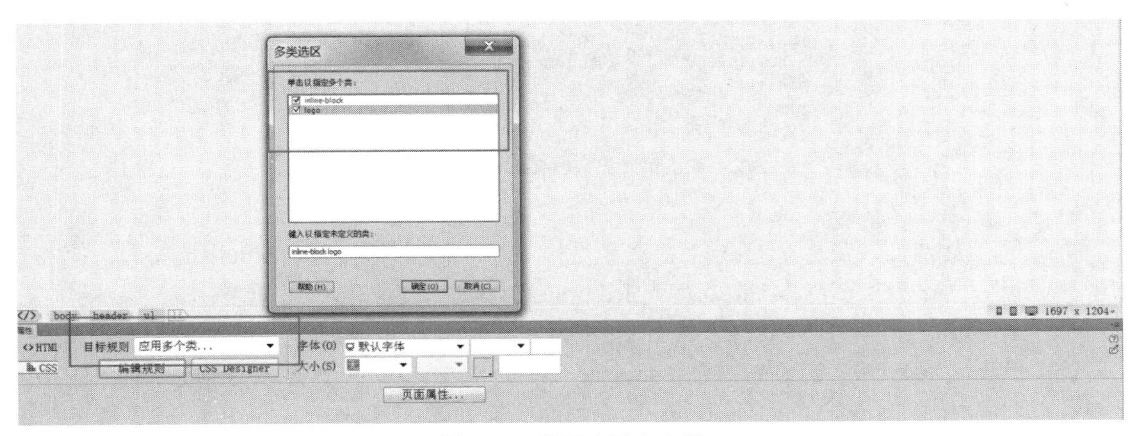

图 5-67　设置应用多个类

类似的，插入第二个列表项，输入内容“Build Your WebSite”，并为它应用 inline-block 和 logo 两个类。

接着插入第三个列表项，并为列表项应用类 inline-block。但要注意，这个列表项的内容是个搜索框。所以在插入列表项后，选择菜单栏中的“插入”→“表单”→“表单”，插入一个<form>标签，然后选择菜单栏中的“插入”→“表单”→“搜索”，并在<input>的属性检查器中设置 Place Holder 的属性值为“关键词...”，如图 5-68 所示。

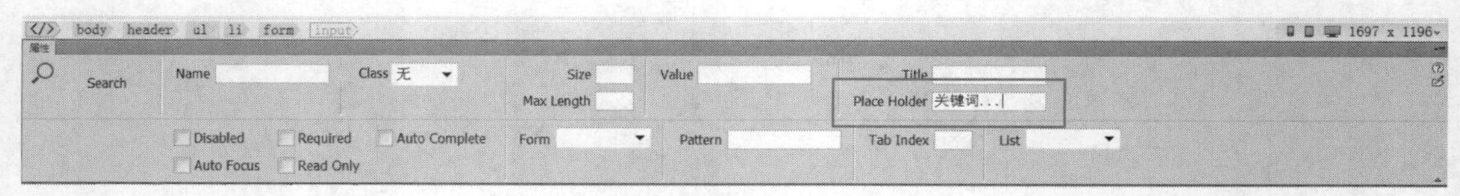

图 5-68 设置 input 元素的属性

3. 插入导航条

在插入导航条之前先设置导航条的 CSS 样式：

```
header nav{height:160px;line-height:160px;font-size:18px;}
header nav ul{text-align:right;}
header nav ul>li{display:inline;}
header nav ul>li a{color:white;}
```

将光标放在 ul 元素之后，然后在菜单栏中选择“插入”→“结构”→Navigation，插入一个导航栏，由于这个 nav 元素嵌套在 header 中，所以这个导航栏将会应用 header nav 样式。

在导航栏中插入一个列表，列表将会应用 header nav ul 样式；接着在列表中插入 7 个列表项，分别用来放 7 个导航链接，这 7 个列表项将会应用 header nav ul>li 样式。

将光标放在第一个列表项内，选择菜单栏中的“插入”→Hyperlink（超链接），在第一个列表项中插入一个超链接（图 5-69），插入超链接后，页面的效果如图 5-70 所示。

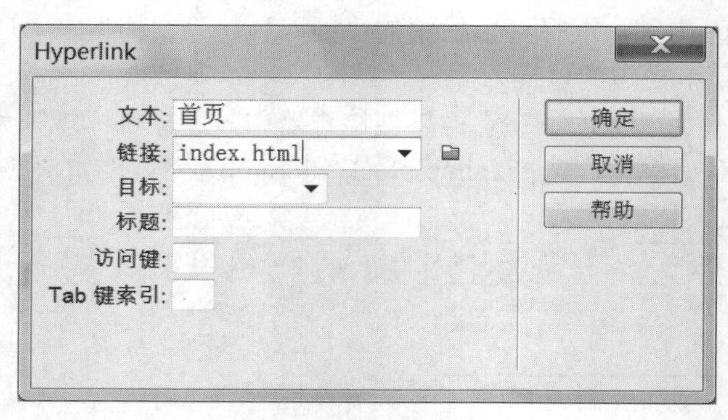

图 5-69 插入超链接

类似的，分别插入第二个超链接（设置文本为“文章”，链接为“article.html”）、第三个超链接（设置文本为“图库”，链接为“pic.html”）、第四个超链接（设置文本为“视频”，链接为“video.html”）、第五个超链接（设置文本为“个人简介”，链接为“intro.html”）、第六个超链接（设置文本为“留言”，链接为“message.html”）、第七个超链接（设置文本为“友情链接”，链接为“links.html”）。完全设置好后，页面效果如图 5-71 所示。

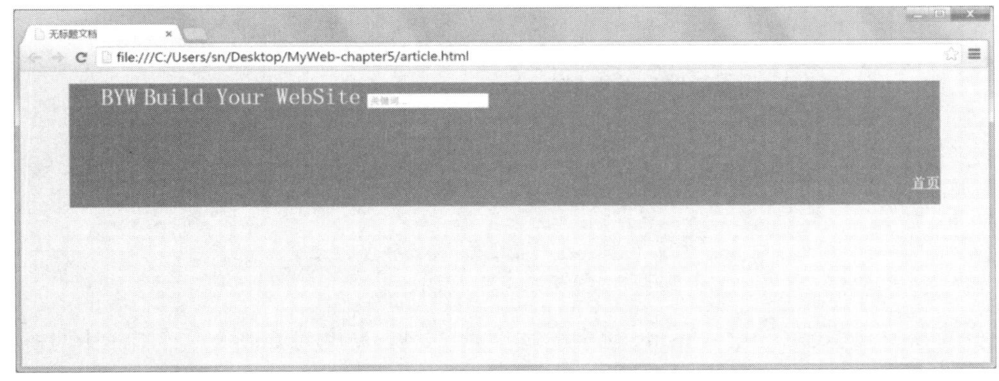

图 5-70　页面效果

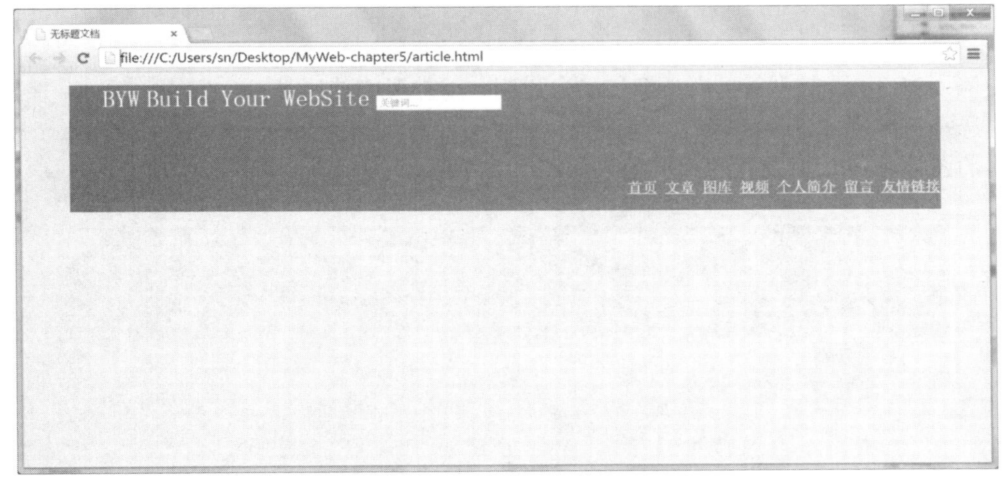

图 5-71　完成导航栏后的页面效果

5.15.4　主体区域

按照设计要求，主体区域分为两部分：左侧 aside 区，包括图像区和文章列表区；右侧文章正文区。

设置主体区域的 CSS 样式：

```
.container{width:90%;height:auto;margin:5px auto;}
```

将主体区域——这里称为“container（容器）”设置宽为“90%（与 header 一致）”，高为“auto（自动高度，高度取决于主体区域内部元素的高度）”，并设置“margin:5px auto;”使其有上下 5px 的外边距并且水平居中。

将光标放在</header>标签之后，选择菜单栏中的“插入”→Div，在“插入 Div”对话框中选择 Class 为 container，如图 5-72 所示。这样可以在代码中插入一行：

```
<div class="container">…</div>
```

1．左侧 aside（侧边栏）区域

在向 aside 区添加内容之前，先设置 aside 元素的 CSS 样式。在<style>标签中添加：

```
.container aside{width:24%;height:600px;text-align: center;font-size:14px;float:left;background:#fff;}
```

图 5-72 插入 Div

这个 CSS 样式表示：设置 aside 元素的宽度为 24%，高度为 600px，文本居中对齐，字号为 14px，元素左浮动，背景为白色。

然后将光标放在 Div 内，选择菜单栏中的“插入”→“结构”→“侧边”，在 Div 中插入一个 aside 元素。

（1）头像区

左侧 aside 区的上方是用户头像和用户说明，用户头像使用了 img 元素，因此，在<aside>标签内选择菜单栏中的“插入”→“图像”→“图像”，选择 images 文件夹中的“lion.jpg”作为插入的图像，插入图像后的网页效果如图 5-73 所示。

图 5-73 插入用户头像

在图像之后插入一个段落，内容为“张三　前端设计狮”，如图 5-74 所示。

图 5-74 用户说明

（2）文章列表区

文章列表区包括一个标题行和一个列表。

标题行：选择菜单栏中的“插入”→“结构”→“标题”→“标题 2”，插入一个 2 级标题，内容为“文章列表”。

列表：插入一个列表，在列表中插入 10 个列表项，具体内容为：

```
<li><a href="#">2015 年 8 月</a></li>
```

```
<li><a href="#">2015 年 7 月</a></li>
<li><a href="#">2015 年 6 月</a></li>
<li><a href="#">2015 年 5 月</a></li>
<li><a href="#">2015 年 4 月</a></li>
<li><a href="#">2015 年 3 月</a></li>
<li><a href="#">2015 年 2 月</a></li>
<li><a href="#">2015 年 1 月</a></li>
<li><a href="#">2014 年 12 月</a></li>
<li><a href="#">2014 年 11 月以前</a></li>
```

完成后的效果如图 5-75 所示。

图 5-75 左侧 aside 区效果

2. *右侧 Section 区域*

右侧 Section 区域用来放文章。首先在<style>标签中添加 section 元素的样式：

```
.container section{width:72%;height:600px;float:right;background:#fff;}
```

这个 CSS 样式表示：设置 section 元素的宽度为 72%，高度为 600px，元素右浮动，背景为白色。

然后将光标放在</aside>结束标签后，选择菜单栏中的“插入”→“结构”→“章节”，插入一个 section 元素，即在代码中插入：

```
<section>…</section>
```

（1）第一篇文章

每一篇文章都分为标题、正文（第一段）以及一个查看全文的链接。

选择菜单栏中的“插入”→“结构”→“文章”，在<section>标签中插入一个 article 元素。

在<article>标签中插入一个 3 级标题<h3>，内容为“网页设计概述”。

接着插入一个段落标记<p>，内容为“网页，是构成网站的基本元素，是承载各种网站应用的平台。通俗地说，网站就是由网页组成的。网页是一个文件，它可以存放在世界某个角落的某一台计算机中，是万维网中的一页。一个网站一般由若干个网页构成。”

再插入一个超链接，设置链接文本“[查看全文]”，链接为“1.html”。

完成后，页面显示效果如图 5-76 所示。

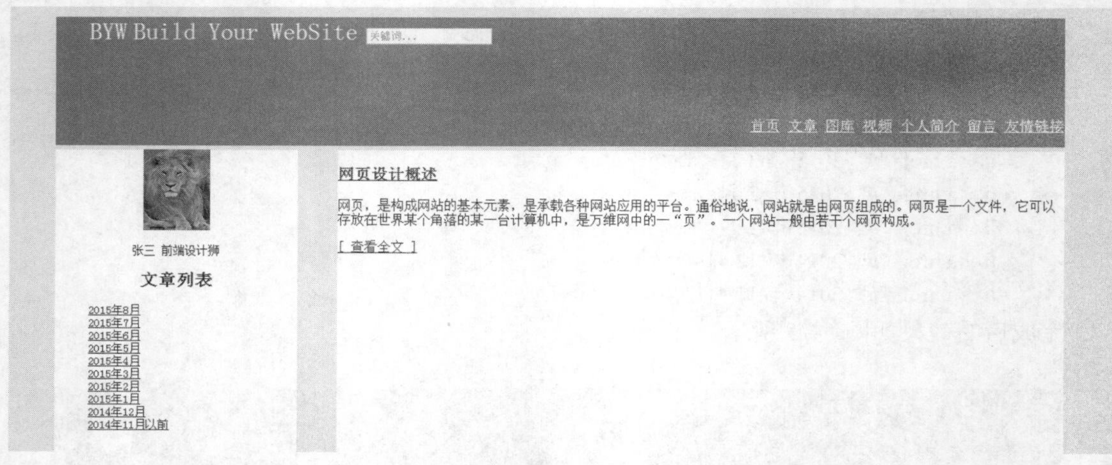

图 5-76 插入文章后的效果

（2）第二、三篇文章

与第一篇类似，添加第二篇文章和第三篇文章。

完成后，效果如图 5-77 所示。

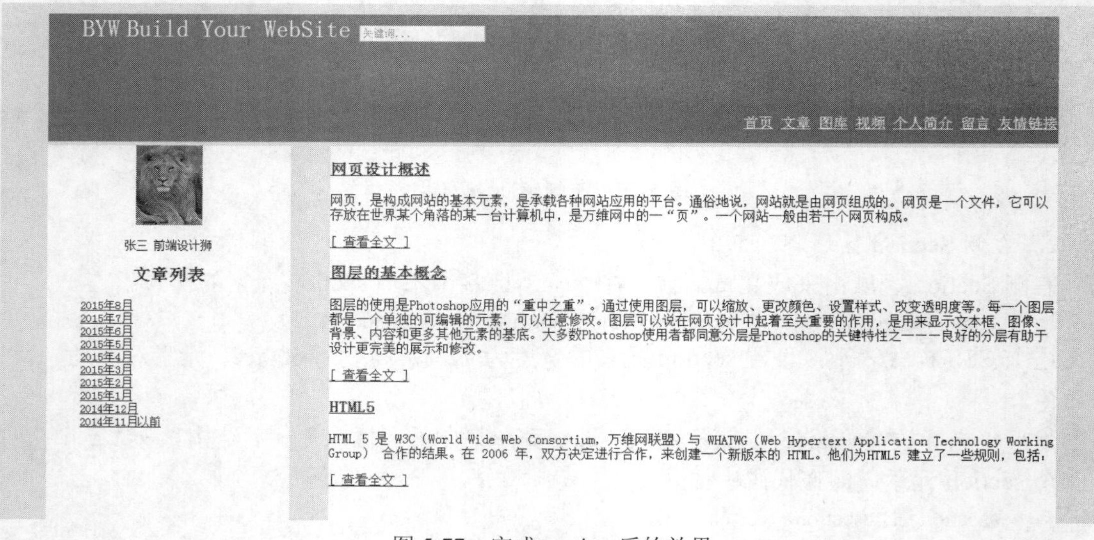

图 5-77 完成 section 后的效果

5.15.5 footer 区域

footer 区域用来放版权信息。

首先在<style>标签中添加 section 元素的样式：

```
footer{text-align:center;}
```

这个 CSS 样式设置 footer 中的内容居中对齐。

在</div>结束标签后插入一个页脚：选择“插入”→“结构”→“页脚”，这样就插入了一个 footer 元素。

在其中输入内容“Copyright © 2015 sunna All rights reserved.”，其中“©”是通过在菜单栏中选择“插入”→“字符”→“版权”插入到文本中的。完成后的效果如图 5-78 所示。

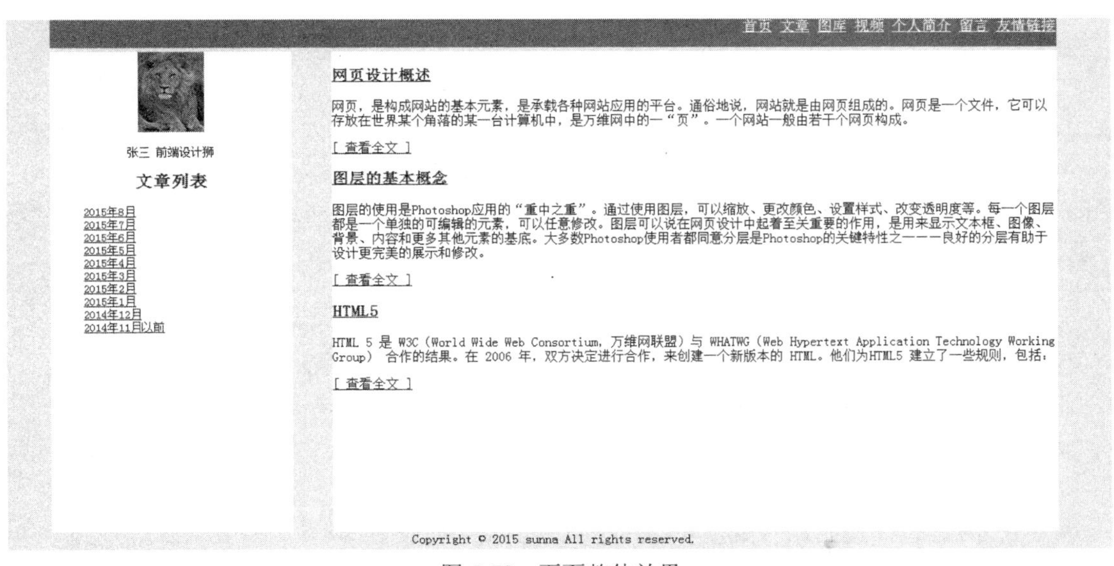

图 5-78　页面整体效果

5.16　本章小结

Dreamweaver是使用最广泛的可视化网页制作工具之一。Dreamweaver拥有成熟的工作流、强大的可视化操作界面和性能卓越的站点管理表现。在本章中，介绍了如何使用 Dreamweaver 这一利器进行 HTML 代码的编辑。

首先介绍了 Dreamweaver 的基础知识，包括 Dreamweaver 的简介、Dreamweaver 工作区以及 Dreamweaver CC 2014 的新功能。

接着介绍了在 Dreamweaver 中管理站点的知识，包括如何创建站点、管理站点和管理站点中的文件。

然后介绍如何新建空白 HTML 文档和以其他方式创建文件，以及如何利用 Dreamweaver 设置页面属性和文件头内容。

之后详细讲解如何在网页中添加文本、图像、音频、视频、超链接、表格、表单、结构、jQuery UI 代码、CSS 等内容。

最后通过一个完整的实例，演示如何尽量使用 Dreamweaver 实现上一章中的 HTML 代码。

第 6 章　CSS 应用基础

学习 CSS 要有基本的 HTML 基础，但对 HTML 基础的要求并不高。通过应用 CSS，能够真正做到网页表现与内容分离。由于允许同时控制多重页面的样式和布局，CSS 可以称得上 Web 设计领域的一个突破。网站开发者能够为每个 HTML 元素定义样式，并将之应用于任意多的页面中。如需进行全局的更新，只需简单地改变样式，然后网站中的所有元素均会自动更新。

本章的内容包括：

- CSS 概述，包括 CSS 简介、CSS 的优点，以及最新的 CSS3 简介；
- 如何引入 CSS，包括在页面中引入 CSS 以及引入 CSS 时的优先级问题；
- CSS 语法，包括 CSS 基本语法、CSS 选择器、CSS 高级语法等；
- CSS 样式，包括背景、文本、字体、链接、列表、表格、CSS 尺寸等；
- CSS 盒模型，包括内边距、外边距、边框等设置；
- CSS 定位，包括相对定位和绝对定位，以及如何设置浮动；
- CSS3 新特性，包括边框、背景、文本效果、字体、过渡等；
- 一个 CSS 综合应用的实例，为上一章中的 HTML 结构设置 CSS 样式，使其符合 Photoshop 设计效果图的要求。

6.1　CSS 概述

6.1.1　CSS 简介

CSS 指层叠样式表（Cascading Style Sheets），它定义了如何显示 HTML 元素。样式通常存储在样式表中，外部样式表通常存储在 CSS 文件中。

CSS 的出现是为了解决内容与表现分离的问题，也就是说，HTML 只负责内容部分，内容就是页面实际要传达的真正信息，包含数据、文档或者图片等。注意这里强调的“真正”，是指纯粹的数据信息本身。而 CSS 负责内容的表现形式，比如将某个段落的对齐方式设置为居中，将某段文字的颜色设置成绿色等。

6.1.2　CSS 的优点

CSS 的出现是 Web 设计界的一大革命，它的优点包括：

- 通过单个样式表控制多个文档的布局；
- 更精确的布局控制；
- 为不同的媒体类型（屏幕、打印等）采取不同的布局；
- 无数高级、先进的技巧。

6.1.3　CSS3

CSS3 是最新的 CSS 标准，目前在主流浏览器中已经得到了广泛的支持。CSS3 增加了更多的 CSS 选择器，可以用更简单的方式实现更强大的功能。

CSS3 语言开发是朝着模块化发展的。以前的规范作为一个模块实在太庞大而且比较复杂，所以把它分解为一些小的模块，更多新的模块也被加进来。这些模块包括：盒模型、列表模块、超链接方式、语言模块、背景和边框、文字特效、多栏布局。

CSS3 完全向后兼容，所以没有必要修改现在的设计来让它们继续运作。浏览器也还将继续支持 CSS2。CSS3 主要的影响是可以使用新的可用的选择器和属性，允许实现新的设计效果（如动态和渐变），而且可以很简单地实现现在的设计效果。例如在例 6-1 中，就展示了一个使用 CSS3 设计的背景渐变效果，而在 CSS3 之前，要实现同样的效果只能使用背景图片。相比背景图片，使用 CSS 更加灵活，能实现更加丰富的效果，渲染时间更快，并且提高了页面的加载速度。

例 6-1　使用 CSS3 的页面背景渐变效果与图片渐变背景效果比较

使用 CSS3 的渐变代码：

```
<!doctype html>
<html>
<head>
<meta charset="utf-8">
<title>无标题文档</title>
<style type="text/css">
    div{
        width:100%;
        height:200px;
        background:-webkit-gradient(linear, 0% 0%, 0% 100%,from(#ccc), to(#fff));
    }
</style>
</head>
<body>
    <div>设置渐变背景色</div>
</body>
</html>
```

页面显示效果如图 6-1 所示。

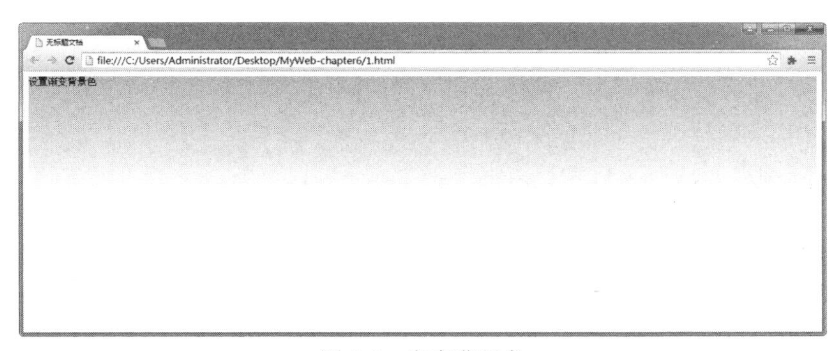

图 6-1　渐变背景色

在这个例子中，要使用 CSS 实现渐变效果非常简单，只需要设置样式：

```
background:-webkit-gradient(linear, 0% 0%, 0% 100%,from(#ccc), to(#fff));
```

而如果不使用 CSS3，则只能使用图片背景实现同样的效果，为减小背景图片的体积，使用一个宽为 2 像素，高为 200 像素的图片“back_gradient.png”，在 CSS 中作如下设置：

```
background: url(images/back_gradient.png) 0 0 repeat;
```

虽然这并不复杂，但要选择合适的图片，还要考虑加载图片的时间，显然 CSS3 是个更好的选择。

6.2 引入 CSS

6.2.1 在页面中引入 CSS

样式表允许用以下方式规定样式信息，但强烈建议使用引入外部样式表的方式。

1. 内联样式

可以规定在单个的 HTML 元素中。这种方式不利于内容与表现的分离，应该慎用。

例 6-2　内联样式实例

```
<p style="color: red;">
根据 CSS 设置文字颜色。注意 CSS 的优先级。
</p>
```

本例中，被内联样式定义后，文字会被设置为红色。

2. 内部样式表

规定在 HTML 页的<head>标签中，被包含在<style>标签内。

例 6-3　在<head>标签中定义样式实例

```
<!doctype html>
<html>
<head>
<meta charset="utf-8">
<title>无标题文档</title>
<style type="text/css">
    p{
        color:blue;
    }
</style>
</head>

<body>
    <p>
    根据 CSS 设置文字颜色。注意 CSS 的优先级。
    </p>
</body>
</html>
```

本例中，文字被设置为蓝色。

3. 外部样式表

规定在一个外部的 CSS 文件中，推荐使用这种方式。

外部样式表是一个扩展名为“.css”的文件。跟其他文件一样，可以把样式表文件放在 Web 服务器上或者本地硬盘上。引用时，在 HTML 文档里创建一个指向外部样式表文件的链接（link）即可，也就是在 HTML 代码<head>标签中加入以下内容（“style/style.css”为外部样式表文件的相对路径）：

```
<link rel="stylesheet" type="text/css" href="style/style.css" />
```

这种方法的好处在于：多个 HTML 文档可以同时引用一个样式表。也就是说，可以用一个 CSS 文件来控制多个 HTML 文档的布局，当改变这个 CSS 文件时，所有引用该文件的 HTML 文档样式都发生变化。

例 6-4　引入外部 CSS 文件实例

HTML 文件：css_example3.html

```
<!doctype html>
    <html>
    <head>
    <meta charset="utf-8">
    <title>无标题文档</title>
        <link href="css/css_example.css " rel="stylesheet" type="text/css">
    </head>
    <body>
    <p>
    根据 CSS 设置文字颜色。注意 CSS 的优先级。
    </p>
    </body>
    </html>
```

CSS 文件：css/css_example.css

```
@charset "utf-8";
p{
    color:green;
}
```

本例中，文字被设置成绿色。

特别需要注意的是：可以在同一个 HTML 文档内引用多个外部样式表。

例 6-5　引用多个外部样式表实例

HTML 文件：css_example4.html

```
<!doctype html>
    <html>
    <head>
    <meta charset="utf-8">
    <title>无标题文档</title>
        <link href="css/css_example.css " rel="stylesheet" type="text/css">
        <link href="css/css_example2.css " rel="stylesheet" type="text/css">
    </head>
    <body>
```

```
        <p>
        根据 CSS 设置文字颜色。注意 CSS 的优先级。
        </p>
        </body>
    </html>
```

CSS 文件 1：css/css_example.css

```
@charset "utf-8";
p{
    color:green;
}
```

CSS 文件 2：css/css_example2.css

```
@charset "utf-8";
p{
    color:orange;
    text-align:center;
}
```

本例中，引入外部 CSS 除了使文字显示为橙色外，还使文字居中对齐。

6.2.2 CSS 的优先级

在例 6-2、例 6-3、例 6-4、例 6-5 中，分别将文字设置为红色、蓝色、绿色和橙色，下例将展示当几种 CSS 共同作用时，会在页面上产生什么效果。

例 6-6　CSS 的优先级实例

HTML 文件：css_example5.html

```
<!doctype html>
<html>
    <head>
    <meta charset="utf-8">
    <title>无标题文档</title>
        <link href="css/css_example.css " rel="stylesheet" type="text/css">
        <link href="css/css_example2.css " rel="stylesheet" type="text/css">
        <style type="text/css">
        p{
            color:blue;
        }
        </style>

    </head>
    <body>
        <p style="color:red;">
    根据 CSS 设置文字颜色。注意 CSS 的优先级。
    </p>
    </body>
</html>
```

本例中，最终页面文字显示为红色。这个例子表明，内联样式最终起了作用。

一般来说，所有的样式会根据下面的规则层叠于一个新的虚拟样式表中，其中（4）拥有最高的优先权。

（1）浏览器缺省设置；

（2）外部样式表（如果有多个，则后出现的优先）；

（3）内部样式表（位于<head>标签内部）；

（4）内联样式（在 HTML 元素内部）。

因此，内联样式拥有最高的优先权，这意味着它将优先于以下的样式声明：<head>标签中的样式声明，外部样式表中的样式声明或者浏览器中的样式声明（缺省值）。

6.3　CSS 语法

6.3.1　CSS 基本语法

例 6-7　HTML 和 CSS 实现同一样式的比较（文本居中效果）

用 HTML 实现（仅为举例，实际上在 HTML5 中，已经不支持<body>的 align 属性）：

```
<body align="center">
```

用 CSS 实现：

```
body{ text-align: center; }
```

上例展示了基本的 CSS 语法：

```
selector{ property: value; }
```

其中各个参数意义如下：

selector：选择器，表明括号中的属性将应用于哪些 HTML 元素，如上例中的 body；

property：属性，如上例中 text-align 是设置文本的对齐方式；

value：值，如上例中 center 是居中。

一个选择器可以有多个属性，属性之间用分号隔开。每个属性有一个值，属性和值用冒号分开。

6.3.2　选择器

CSS 选择器可以定义为 ID 选择器、类选择器、标签选择器、派生选择器、属性选择器、后代选择器、通用选择器、伪类选择器等。由于篇幅所限，这里只介绍几类基础选择器，其他选择器的知识请参考 CSS 相关资料。

1. ID 选择器

ID 选择器可以为标有特定 id 的 HTML 元素指定特定的样式，用“#”来定义。

例 6-8　ID 选择器实例

在 CSS 中定义：

```
#red {color:red;}
#green {color:green;}
```

则在 HTML 文档中，id 属性为 red 的 p 元素显示为红色，id 属性为 green 的 p 元素显示为绿色。

```
<p id="red">这个段落是红色。</p>
```

```
<p id="green">这个段落是绿色。</p>
```

注意：一个 id 在一个 HTML 文档中只能出现一次。

2. 类选择器

类选择器根据 HTML 的 class 属性选择元素，用“.”来定义。

例 6-9 类选择器实例

在 CSS 中定义：

```
.center {text-align: center}
```

则所有拥有 center 类的 HTML 元素均为居中。

在 HTML 代码中，h1 和 p 元素都有 center 类。这意味着两者都将遵守“.center”选择器中的规则。

```
<h1 class="center">
This heading will be center-aligned
</h1>
<p class="center">
This paragraph will also be center-aligned.
</p>
```

注意：类选择器名称的第一个字符不能是数字。

3. 标签选择器

标签选择器根据 HTML 标签选择元素。

例 6-10 标签选择器实例

在 CSS 中定义：

```
div{ background-color:blue; }
```

则在 HTML 文档中，所有的 div 背景色都是蓝色。

```
<div>背景被设置为蓝色。</div>
```

4. 派生选择器

派生选择器依据元素位置的上下文关系来定义样式，可以使代码更加简洁。

例 6-11 派生选择器实例

在 CSS 中定义：

```
li strong {
    font-style: italic;
    font-weight: normal;
  }
```

这个 CSS 选择器的作用是使列表中的 strong 元素变为斜体字，而不是通常的粗体字。

则 HTML 文档中，只有 li 元素中的 strong 元素的样式为斜体字，无需为 strong 元素定义特别的 class 或 id，代码更加简洁。

HTML 代码：

```
<p><strong>我是粗体字，不是斜体字，因为我不在 li 元素之中，所以这个规则对我不起作用
</strong></p>
<ol>
<li><strong>我是斜体字。这是因为 strong 元素位于 li 元素内。</strong></li>
<li>我是正常的字体。</li>
</ol>
```

页面显示效果如图 6-2 所示。

我是粗体字，不是斜体字，因为我不在li元素之中，所以这个规则对我不起作用

1. *我是斜体字。这是因为 strong 元素位于 li 元素内。*
2. 我是正常的字体。

图 6-2　派生选择器

6.3.3　值的不同写法

除了使用英文单词表示颜色的值，例如 red，还可以使用十六进制的颜色值，例如#ff0000；为了节约字节，可以使用 CSS 的缩写形式，写成#f00；也可以使用 RGB 值：rgb(255,0,0)或rgb(100%,0%,0%)。

6.3.4　CSS 高级语法

1．选择器的分组

可以对选择器进行分组，用逗号将需要分组的选择器分开。这样，被分组的选择器就可以共享相同的样式。分组的最大好处在于缩小了 CSS 文件。

例 6-12　选择器分组实例

```
h1,h2,h3,h4,h5,h6 {
text-align;center;
  }
```

对以下代码应用这个样式：

```
<h1>一级标题，居中对齐</h1>
<h2>二级标题，居中对齐</h2>
<h3>三级标题，居中对齐</h3>
<h4>四级标题，居中对齐</h4>
<h5>五级标题，居中对齐</h5>
<h6>六级标题，居中对齐</h6>
```

页面显示效果如图 6-3 所示。

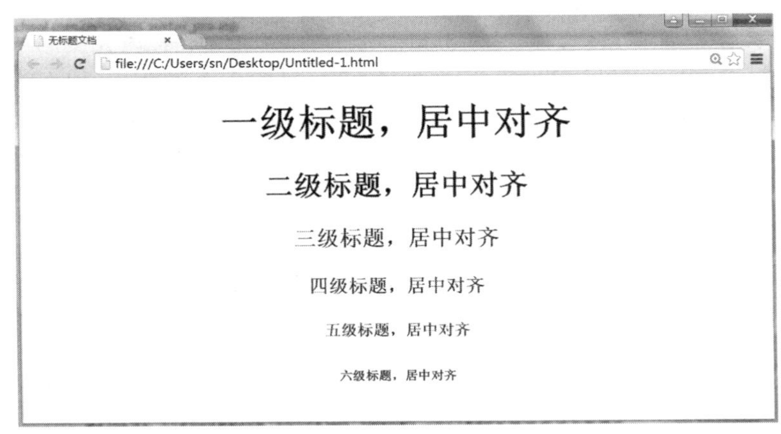

图 6-3　选择器分组

本例中，对所有的标题元素进行了分组。效果是所有的标题元素都是居中对齐的。

2. 继承

继承是 CSS 的一个主要特征，它是依赖于祖先-后代的关系的。继承是一种机制，它允许样式不仅可以应用于某个特定的元素，还可以应用于它的后代。例如一个 body 定义的颜色值也会应用到段落的文本中。

例 6-13 CSS 继承实例

CSS 定义：

```
body{color:red;}
```

HTML 代码：

```
<p>css 的<strong>层叠和继承</strong>深入探讨</p>
```

这段代码的应用结果是："css 的层叠和继承深入探讨"整段话都是斜体的，也就是说 body 的样式应用到 body 的子元素中。而"层叠和继承"由于应用了 strong 元素，所以是粗体。如图 6-4 所示。

*css的**层叠和继承**深入探讨*

图 6-4 样式的继承

6.4 CSS 样式

6.4.1 背景

CSS 允许应用纯色作为背景，也允许使用背景图像创建相当复杂的效果。CSS 在这方面的能力远远在 HTML 之上。

1. 背景色

使用 background-color 属性为元素设置背景色。

例 6-14 CSS 背景色实例

```
body{background-color: #f00;}
```

可以为所有元素设置背景色，包括从 body 一直到 em 和 a 等行内元素。

2. 背景图像

设置背景图像需要使用 background-image 属性，必须为这个属性设置一个 URL 值。

例 6-15 CSS 背景图像实例

```
div {background-image: url(images/001.png);}
```

3. 背景重复

使用 background-repeat 属性设置对背景图像的平铺效果，属性值 repeat 导致图像在水平垂直方向上都平铺，repeat-x 和 repeat-y 分别导致图像在水平或垂直方向上重复，no-repeat 则不允许图像在任何方向上平铺。

例 6-16 CSS 背景重复实例

```
div {background-repeat: repeat;}
```

4. 背景定位

使用 background-position 属性改变图像在背景中的位置。background-position 属性值可以使用一些关键字：top、bottom、left、right 和 center，并且这些关键字通常会成对出现，一个对应水平方向，另一个对应垂直方向；也可以使用长度值或百分数值。

例 6-17　背景定位实例

```
div{ background-position:top left; }          /*使图像放置在元素内边距区的左上角*/
/*图像的左上角将在元素内边距区左上角向右 50 像素、向下 100 像素的位置上*/
div{ background-position:50px 100px; }
div{ background-position:50% 50%; }   /*将图像在元素中居中*/
```

5. CSS 背景简写属性

使用 background 属性可以在一个声明中设置所有背景属性。

例 6-18　CSS 背景简写属性实例

```
div{ background: #F00 url(images/001.png) no-repeat 50px 100px; }
```

下面是一个 CSS 背景属性的综合应用实例。

例 6-19　CSS 背景属性的综合应用实例

```
div{
   width:400px;
   height:300px;
   background: #F00 url(images/002.jpg) no-repeat 50px 100px;
}
```

HTML 代码：

```
<body>
<div></div>
</body>
```

显示效果如图 6-5 所示。应用背景属性的 div 宽为 400 像素，高为 300 像素，对整个 div 应用背景色#F00，而背景图片的位置被设置为 50px、100px，因此会从左 50px、上 100px 开始显示图片，并且图片无重复。

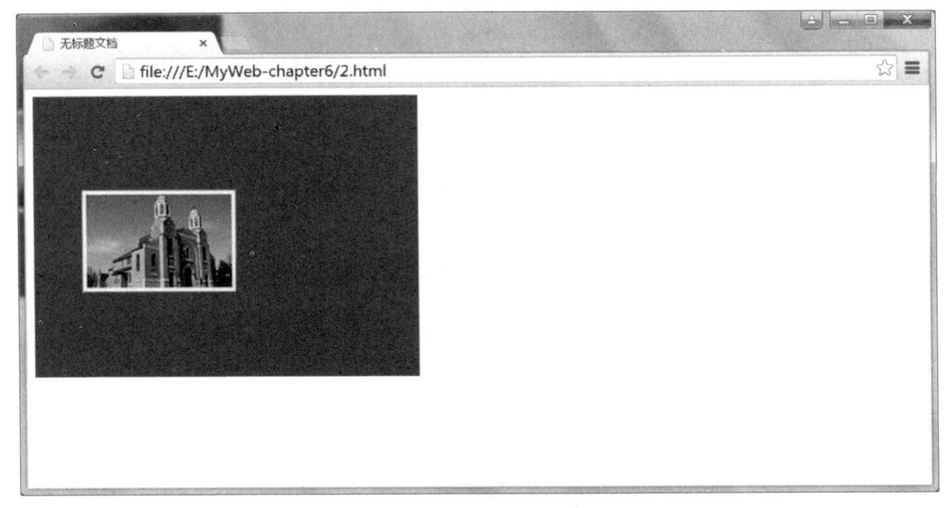

图 6-5　CSS 背景属性

6.4.2 文本

CSS 文本属性可定义文本的外观。通过文本属性，可以改变文本的颜色、字符间距，对齐文本，装饰文本等。

1. 文本颜色

color 属性规定文本的颜色。

例 6-20 设置文本颜色

```
body{ color:red;}
```

2. 行高

line-height 属性设置行间的距离（行高）。

例 6-21 设置行高实例

```
p{line-height:200%; }
```

3. 字符间距

letter-spacing 属性增加或减少字符间的空白（字符间距）。

该属性定义了在文本字符框之间插入多少空间。指定长度值时，会调整字母之间通常的间隔。normal 相当于值为 0。

例 6-22 设置字符间距实例

```
h1 {letter-spacing:4px; }
h2 {letter-spacing:-4px; }
```

应用的效果如图 6-6 所示。

一级标题的字符间距会被拉宽

二级标题的字符间距会被缩窄

图 6-6 设置字符间距

4. 水平对齐

text-align 属性规定元素中的文本的水平对齐方式。

属性值可以设置为 left（左对齐）、right（右对齐）、center（居中）、justify（两端对齐）等。

例 6-23 设置水平对齐方式

```
h1 {text-align:center; }
```

6.4.3 字体

CSS 字体属性定义文本的字体系列、大小、加粗、风格（如斜体）和变形（如小型大写字母）。

1. 字体系列

使用 font-family 属性定义文本的字体系列。

例 6-24 设置字体系列

```
body {
font-family: Helvetica, Tahoma, Arial, STXihei, "华文细黑", "Microsoft YaHei", "微软雅黑",
sans-serif; }
```

根据这个列表，用户代理会按所列的顺序查找这些字体。如果列出的所有字体都不可用，就会简单地选择一种可用的 serif 字体。

当字体名中有一个或多个空格（比如 Microsoft YaHei），或者字体名包括“#”或“$”之类的符号，需要在 font-family 声明中加引号。

在这个例子中，对于英文字符，首先查找 Helvetica（Mac），然后查找 Tahoma（Win），都找不到就用 Arial（Mac&Win）；对于中文字体，华文细黑（Mac），微软雅黑（Win）是这两个平台的默认中文字体；如果所有这些字体都缺失，则使用当前默认的 sans-serif 字体。

2. 字体大小

使用 font-size 属性设置文本的大小。

font-size 值可以是绝对或相对值，如果没有规定字体大小，普通文本（比如段落）的默认大小是 16 像素（16px=1em）。

例 6-25　设置字体大小

```
p {font-size:14px;}
p {font-size:0.875em;}
```

3. 字体加粗

使用 font-weight 属性设置文本的粗细。

使用 bold 关键字可以将文本设置为粗体。

关键字 100～900 为字体指定了 9 级加粗度。100 对应最细的字体变形，900 对应最粗的字体变形。数字 400 等价于 normal，而 700 等价于 bold。如果将元素的加粗设置为 bolder，浏览器会设置比所继承值更粗的一级字体加粗。

例 6-26　设置字体加粗

```
p.normal {font-weight:normal;}
p.thick {font-weight:bold;}
p.thicker {font-weight:900; }
```

4. 字体风格

使用 font-style 属性规定斜体文本。

有三个属性值，normal 表示文本正常显示，italic 表示文本斜体显示，oblique 表示文本倾斜显示。italic 和 oblique 的区别在于，斜体（italic）是一种简单的字体风格，对每个字母的结构有一些小改动，来反映变化的外观，而倾斜（oblique）则是正常竖直文本的一个倾斜版本。通常情况下，italic 和 oblique 文本在 Web 浏览器中看上去完全一样。

例 6-27　设置字体风格

```
p.normal {font-style:normal;}
p.italic {font-style:italic;}
p.oblique {font-style:oblique;}
```

5. 简写属性

使用 font 属性把所有针对字体的属性设置在一个声明中。

例 6-28　用简写属性设置字体

```
p { font:italic bold 12px/20px arial,sans-serif; }
```

6.4.4 链接

链接有四种状态：

- a:link——普通的、未被访问的链接
- a:visited——用户已访问的链接
- a:hover——鼠标指针位于链接的上方
- a:active——链接被单击的时刻

链接的特殊性在于能够根据它们所处的状态来设置它们的样式。能够设置链接样式的CSS属性有很多种，例如color, font-family, background等。

例6-29 设置链接属性

```
a:link {color:#F00;}          /* 未被访问的链接 */
a:visited {color:#0F0;}       /* 已被访问的链接 */
a:hover {color:#F0F;}         /* 鼠标指针移动到链接上 */
a:active {color:#00F;}        /* 正在被单击的链接 */
```

当为链接的不同状态设置样式时，需按照以下的次序规则：a:hover 必须位于 a:link 和a:visited之后；a:active必须位于a:hover之后。

6.4.5 列表

CSS列表属性允许放置、改变列表项标志，或者将图像作为列表项标志。

1. 列表类型

使用属性list-style-type修改用于列表项的标志类型。

例6-30 设置列表类型

```
ul {list-style-type: square}    /* 列表项标志设为实心方块 */
```

2. 列表项图像

使用list-style-image属性将一个图像设置为列表项标志。

例6-31 将图像设置为列表项标志

```
ul li {list-style-image: url(xxx.gif)}
```

3. 简写列表样式

使用list-style属性简写列表样式。

例6-32 简写列表样式

```
li {list-style: url(example.gif) square inside; }
```

下面是一个列表项的综合实例。

例6-33 列表项综合实例

```
<html>
<head>
    <meta charset="utf-8">
    <style type="text/css">
    ul {
        list-style-image: url('images/example.gif')
    }
    </style>
```

```
</head>
<body>
    <ul>
        <li>列表项 1</li>
        <li>列表项 2</li>
        <li>列表项 3</li>
    </ul>
</body>
</html>
```

显示效果如图 6-7 所示。这里用了一个图像作为列表项标志。

```
* 列表项1
* 列表项2
* 列表项3
```

图 6-7　列表样式

6.4.6　表格

CSS 表格属性可以极大地改善表格的外观。使用 CSS 表格属性可以设置表格边框、表格宽度和高度、表格文本对齐方式、表格内边距、表格颜色等。

1. 表格边框

使用 border 属性设置表格边框。

例 6-34　设置表格边框

```
table, th, td
  {
  border: 1px solid blue;
  }
```

本例中表格的外边框和单元格边框都被设为蓝色。

2. 表格宽度和高度

通过 width 和 height 属性定义表格的宽度和高度。

例 6-35　设置表格宽度和高度

```
table{ width:100%; }
th{height:50px;}
```

3. 表格文本对齐

text-align 和 vertical-align 属性设置表格中文本的对齐方式。

text-align 属性设置水平对齐方式，比如左对齐、右对齐或者居中对齐；vertical-align 属性设置垂直对齐方式，比如顶部对齐、底部对齐或居中对齐。

例 6-36　设置表格文本对齐方式

```
td {text-align:right;height:50px; vertical-align:bottom; }
```

4. 表格内边距

为 td 或 th 设置 padding 属性，可以控制表格中内容与边框的距离。

```
td{ padding:15px; }
```

5. 表格颜色

可以为表格或单元格设置背景色和字体颜色。

```
th, td {background-color:green;color:white; }
```

下面是一个表格样式综合应用的实例。

例 6-37　表格样式综合应用实例

```
<!doctype html>
```

```
<html>
<head>
<meta charset="utf-8">
<title>无标题文档</title>
<style type="text/css">
    table, th, td{border: 1px solid blue;}
    table{ width:100%; }
    th{height:70px;}
    td{text-align:center;height:50px; vertical-align:bottom; }
    .td_color{background-color:green;color:white; }
</style>
</head>

<body>
<table>
<tr>
<th>标题行第一列</th>
<th>标题行第二列</th>
<th>标题行第三列</th>
</tr>
<tr>
<td>第一行第一列</td>
<td>第一行第二列</td>
<td>第一行第三列</td>
</tr>
<tr>
<td class="td_color">第二行第一列</td>
<td class="td_color">第二行第二列</td>
<td class="td_color">第二行第三列</td>
</tr>
</table>
</body>
</html>
```

页面显示效果如图 6-8 所示。

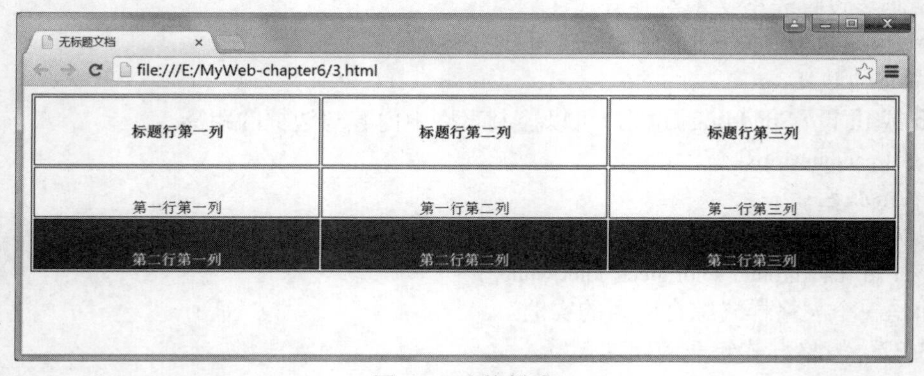

图 6-8　表格样式

6.4.7　CSS 尺寸

可以使用 width 和 height 属性控制 CSS 元素的宽度和高度，还可以使用 line-height 属性控制行间距。

1. 宽度和高度

可以设置为 auto（默认）、px、cm 等单位值或百分比。

例 6-38　设置宽度和高度

```
p
  {
  height:100px;
  width:100px;
  }
```

2. 行间距

使用 line-height 属性设置行间的距离（行高），可以设置为数字值（与当前字体尺寸相乘得到行间距）、固定行间距（如 50px）或百分比。

例 6-39　设置行间距

```
p.small {line-height:90%; }
p.big {line-height:200%; }
```

3. 设置最大宽度、最小宽度、最大高度和最小高度

分别使用 max-width、min-width、max-height、min-height 属性设置元素的最大宽度、最小宽度、最大高度和最小高度。

max-width 属性值会对元素的宽度设置一个最大限制。因此，元素可以比指定值窄，但不能比其宽。不允许指定负值。

min-width 属性值会对元素的宽度设置一个最小限制。因此，元素可以比指定值宽，但不能比其窄。不允许指定负值。

max-height 属性值会对元素的高度设置一个最高限制。因此，元素可以比指定值矮，但不能比其高。不允许指定负值。

min-height 属性值会对元素的高度设置一个最低限制。因此，元素可以比指定值高，但不能比其矮。不允许指定负值。

例 6-40　设置最大宽度

```
<html>
<head>
<style type="text/css">
    p{ max-width: 300px}
</style>
</head>
<body>
    <p>这是一些文本。这是一些文本。这是一些文本。
       这是一些文本。这是一些文本。这是一些文本。
       这是一些文本。这是一些文本。这是一些文本。
       这是一些文本。这是一些文本。这是一些文本。
       这是一些文本。这是一些文本。这是一些文本。</p>
</body>
</html>
```

页面显示效果如图 6-9 所示，段落的宽度被限制在 300px。

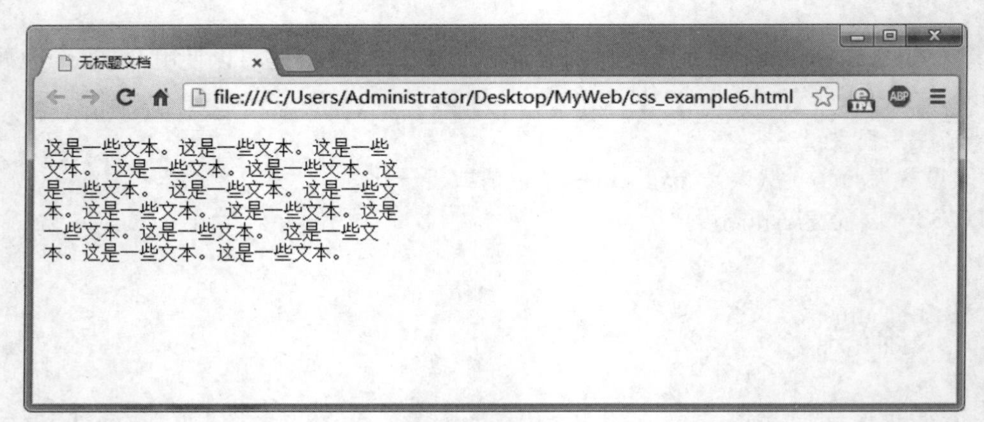

图 6-9　设置最大宽度

6.5　CSS 盒模型

CSS 盒模型（Box Model）规定了元素框处理元素内容、内边距、边框和外边距的方式。

在盒模型（图 6-10）中，元素框的最内部分是实际的内容，直接包围内容的是内边距。内边距的边缘是边框。边框以外是外边距，外边距默认是透明的，因此不会遮挡其后的任何元素。如果设置背景，则背景应用于由内容和内边距、边框组成的区域。

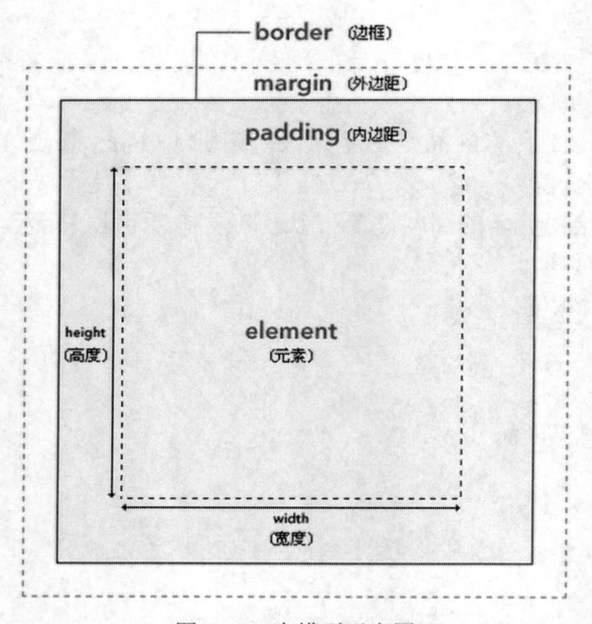

图 6-10　盒模型示意图

在 CSS 中，width 和 height 指的是内容区域的宽度和高度。增加内边距、边框和外边距不会影响内容区域的尺寸，但是会增加元素框的总尺寸。

例 6-41　盒模型中设置尺寸实例

假设框的每个边上有 10 个像素的外边距和 5 个像素的内边距。如果希望这个元素框达到 100 个像素，就需要将内容的宽度设置为 70 像素，如图 6-11 所示。

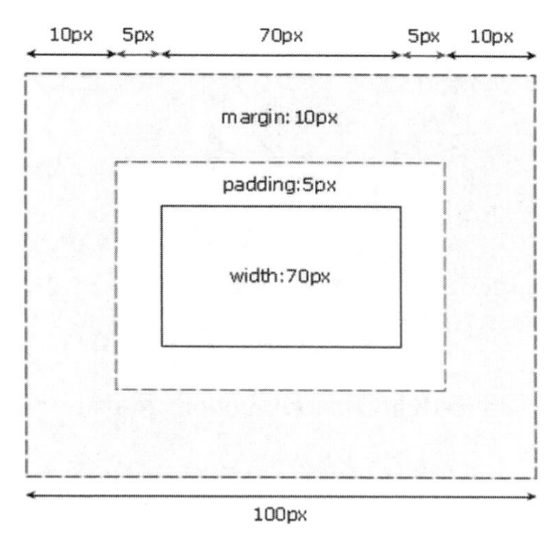

图 6-11　在盒中设置尺寸

内边距、边框和外边距都是可选的，默认值是 0。但是，许多元素将由用户代理样式表设置外边距和内边距。可以通过将元素的 margin 和 padding 设置为 0 来覆盖这些浏览器样式。这可以分别进行，也可以使用通用选择器对所有元素进行设置：

```
* {
  margin: 0;
  padding: 0;
}
```

6.5.1　内边距

元素的内边距在边框和内容区之间。

1．使用 padding 属性来控制内边距

padding 属性值可以是长度值或百分比值，但不允许使用负值。

例 6-42　使用 padding 属性设置内边距

```
p {padding: 10px;}                /* 将段落的上、下、左、右内边距都设成 10px */
p {padding: 10px 0.25em 2ex 20%;}    /* 可以按照上、右、下、左的顺序分别设置各边的内边距，各
边均可以使用不同的单位或百分比值 */
```

2．分别控制各边边距

分别使用 padding-top、padding-right、padding-bottom 和 padding-left 设置上、右、下、左内边距。

例 6-43　分别设置上、右、下、左内边距

```
p {
  padding-top: 10px;
  padding-right: 0.25em;
  padding-bottom: 2ex;
```

```
    padding-left: 20%;
    }
```

这个例子的效果与上例相同。

6.5.2 外边距

围绕在元素边框的空白区域是外边距。设置外边距会在元素外创建额外的“空白”。

1. 使用 margin 属性设置外边距

margin 属性接受任何长度单位，可以是像素、英寸、毫米或 em，也可以设置为 auto。

例 6-44 使用 margin 属性设置外边距

```
p {margin: 10px;}              /* 将段落的上、下、左、右外边距都设成 10px */
p {margin: 10px 0.25em 2ex 20%;}     /* 可以按照上、右、下、左的顺序分别设置各边的外边距，
各边均可以使用不同的单位或百分比值 */
```

2. 分别控制各边外边距

分别使用 margin-top、margin-right、margin-bottom 和 margin-left 设置上、右、下、左外边距。

例 6-45 分别设置上、右、下、左外边距

```
p {
  margin-top: 20px;
  margin-right: 30px;
  margin-bottom: 30px;
  margin-left: 20px;
  }
```

特别的，当希望子元素在父元素内左右居中时，可以设置外边框属性：

```
div{margin: 10px auto;}  //将左右外边距设为 auto，上下外边距可随意设置。
```

通过下面的例子可以看到设置元素水平居中的效果。

例 6-46 元素水平居中实例

```
<!doctype html>
<html>
<head>
<meta charset="utf-8">
<title>无标题文档</title>
<style type="text/css">
div{
     width:300px;       //必须设置元素宽度，宽度不确定无法居中。
     border:2px solid #eee;
     margin: 10px auto;
}
</style>
</head>

<body>
<div>使用样式后可以使 div 左右居中</div>
</body>
</html>
```

效果如图 6-12 所示。可以看到，这样设置样式会使块级元素水平居中，而对块级元素中的文字内容对齐方式无影响。

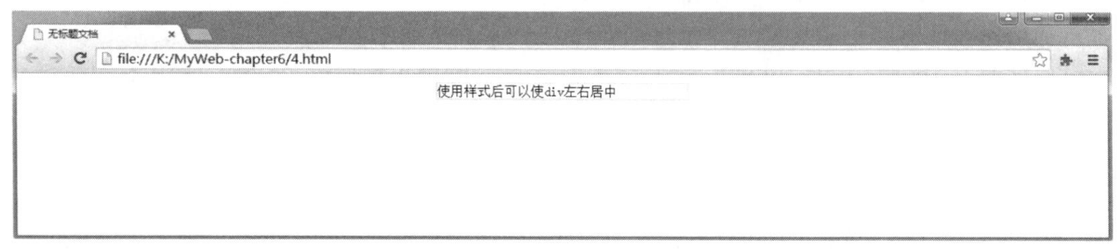

图 6-12　元素水平居中

6.5.3　边框

使用 CSS 边框属性可以创建出效果出色的边框，并且可以应用于任何元素，在前几节我们已经接触到边框的应用。

元素的边框在元素的外边距内。元素的边框是围绕元素内容和内边距的一条或多条线。每个边框有 3 个方面：宽度、样式和颜色。

1．边框样式

使用 border-style 属性设置元素所有边框的样式，或者使用 border-top-style、border-right-style、border-bottom-style、border-left-style 单独地为各边设置边框样式。属性值可以设置为 none（无边框）、hidden（隐藏）、dotted（点状边框）、dashed（虚线）、solid（实线）、double（双线）、groove（3D 凹槽边框）、ridge（3D 垄状边框）、inset（3D inset 边框）、outset（3D outset 边框）等。

由于 border-style 的默认值是 none，如果没有声明样式，就相当于 border-style: none。因此，如果希望边框出现，就必须声明一个边框样式。

例 6-47　设置边框样式

```
p { border-style:dotted solid double dashed; }    /* 按照上-右-下-左的顺序设置，上边框是点状、右边框是实线、下边框是双线、左边框是虚线 */
```

2．边框宽度

使用 border-width 属性为边框指定宽度。为边框指定宽度有两种方法：可以指定长度值，如 2px 或 0.1em；或者使用 3 个关键字之一，它们分别是 thin、medium（默认值）和 thick。在不同的浏览器上，thin、medium 和 thick 的值可能不同。

例 6-48　设置边框宽度

```
p {border-style: solid; border-width: 5px;}    /* 将四个边框宽度都设成 5px */
p {border-style: solid; border-width: 15px 5px 15px 5px;}   /* 按照上-右-下-左的顺序设置边框宽度*/
p {border-style: solid; border-width: 15px 5px;}   /* 用值复制的方式设置边框宽度，上下边框宽为15px，左右边框宽度为 5px   */
```

也可以使用 border-top-width、border-right-width、border-bottom-width 和 border-left-width 分别设置边框各边的宽度。

3．边框颜色

使用 border-color 属性设置边框颜色，它一次可以接受最多 4 个颜色值。

可以使用任何类型的颜色值，可以是命名颜色，也可以是十六进制和 RGB 值。

例 6-49　设置边框颜色

```
p {border-style: solid; border-color: blue rgb(25%,35%,45%) #909090 red;}
p {border-style: solid;border-color: blue red; }        /* 上下边框是蓝色，左右边框是红色 */
```

也可以使用 border-top-color、border-right-color、border-bottom-color、border-left-color 设置单侧边框颜色。

4. 简写属性

使用 border 属性可以在一个声明中设置所有的边框属性，可以按 border-width、border-style、border-color 的顺序设置，但如果不设置其中的某个值，也不会出问题，例如：border:solid #ff0000。

例 6-50　使用简写属性设置边框

```
p {border: medium double rgb(250,0,255); }
```

6.6　CSS 定位

可以使用 CSS 定位属性对元素进行定位。CSS 为定位和浮动提供了一些属性，利用这些属性，可以建立列式布局，将布局的一部分与另一部分重叠。

定位的基本思想很简单，定义元素相对于其正常位置应该出现的位置，或者相对于父元素、另一个元素甚至浏览器窗口本身的位置。

6.6.1　CSS 定位概述

CSS 有三种基本的定位机制：普通流、浮动和绝对定位。

div、h1 或 p 元素常常被称为块级元素。这意味着这些元素显示为一块内容，会将其他元素挤到下方。块级元素默认是普通流。也就是说，块级元素的位置由元素在 HTML 中的位置决定。块级框从上到下一个接一个地排列，框之间的垂直距离是由框的垂直外边距计算而来。

与之相反，span 和 strong 等元素称为内联元素，它们的内容显示在行中，所以也叫行内框。行内框在一行中水平布置，可以容纳多个内联元素。可以使用水平内边距、边框和外边距调整它们的间距。但是，垂直内边距、边框和外边距不影响行内框的高度。由一行形成的水平框称为行框。

可以使用 display 属性设置元素表现为块级元素还是内联元素。将 display 属性设置为 block，可以让内联元素（比如<a>元素）表现得像块级元素一样。还可以通过把 display 设置为 none，让生成的元素不显示，不占用文档中的空间。

通过使用 position 属性，可以选择设置 4 种不同类型的定位，这会影响元素位置生成的方式。

1. static

正常生成元素位置。块级元素生成一个矩形框，作为文档流的一部分，行内元素则会创建一个或多个行框，置于其父元素中。

2. relative

元素位置偏移某个距离。元素仍保持其未定位前的形状，它原本所占的空间仍保留。

3. absolute

元素框从文档流完全删除，并相对于其包含块定位。包含块可能是文档中的另一个元素或者是初始包含块。元素原先在正常文档流中所占的空间会关闭，就好像元素原来不存在一样。元素定位后生成一个块级框，而不论原来它在正常流中生成何种类型的框。

4. fixed

元素框的表现类似于将 position 设置为 absolute，不过其包含块是浏览器窗口本身。

6.6.2　相对定位

如果对一个元素进行相对定位并且设置垂直或水平位置，可以使这个元素“相对于”它的起点进行移动。

例 6-51　相对定位实例

```
#box_relative {
  position: relative;
  left: 30px;
  top: 20px;
}
```

在这个例子中，设置相对定位后，元素将从原位置向下移动 20 像素，向右移动 30 像素，如图 6-13 所示。元素被设置相对定位后，有可能会覆盖其他元素，像本例中框 2 覆盖了框 3 的一部分。

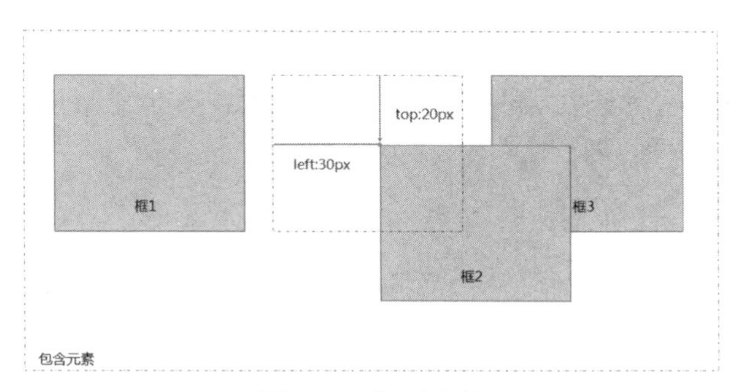

图 6-13　相对定位

6.6.3　绝对定位

绝对定位使元素的位置与文档流无关，因此不占据空间。这一点与相对定位不同，相对定位实际上被看作普通流定位模型的一部分，因为元素的位置是相对于它在普通流中的位置。

盒子的位置以它的包含框为基准进行偏移。也就是说，绝对定位的元素的位置相对于最近的已定位祖先元素，如果元素没有已定位的祖先元素，那么它的位置相对于最初的包含块。

例 6-52　绝对定位实例

```
#box_relative {
  position: absolute;
  left: 30px;
  top: 20px;
}
```

在本例中，假设最外层虚线框是已定位的祖先元素，则框 2 的偏移以它为基准，偏移量是向右 30px，向下 20px。绝对定位后，框 2 覆盖了框 3 的一部分，如果要改变框 2 和框 3 的叠放顺序，可以使用 z-index 属性，如图 6-14 所示。

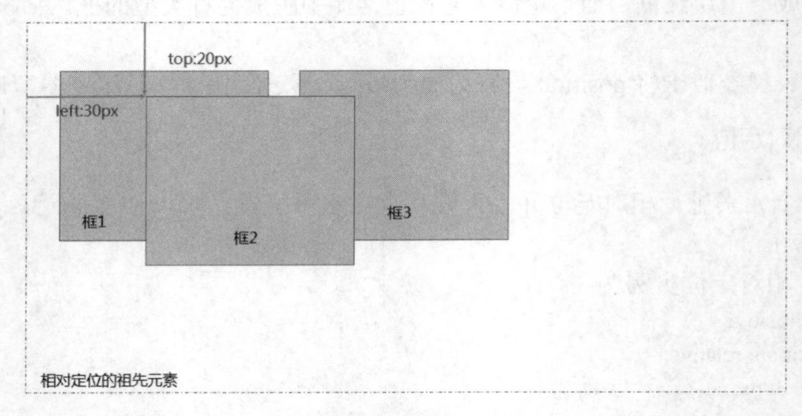

图 6-14 绝对定位

6.6.4 浮动

可以使用 float 属性设置元素的浮动。浮动的框可以向左或向右移动，直到它的外边缘碰到包含框或另一个浮动框的边框为止。由于浮动框不在文档的普通流中，所以文档的普通流中的块框表现得就像浮动框不存在一样。

float 的属性值可以设为 left（靠左浮动）、right（靠右浮动）、none（不使用浮动）。

例 6-53 设置浮动（图 6-15）

```
<!doctype html>
<html>
<head>
<meta charset="utf-8">
<title>无标题文档</title>
<style type="text/css">
  .div_css{ width:400px;padding:10px;border:1px solid #F00}
  .div_left{ float:left;width:150px;border:1px solid #00F;height:50px}
  .div_right{ float:right;width:150px;border:1px solid #00F;height:50px}
  .clear{ clear:both}
</style>
</head>
<body>
<div class="div_css">
<div class="div_left">布局靠左浮动</div>
<div class="div_right">布局靠右浮动</div>
<div class="clear"></div>
</div>
</body>
</html>
```

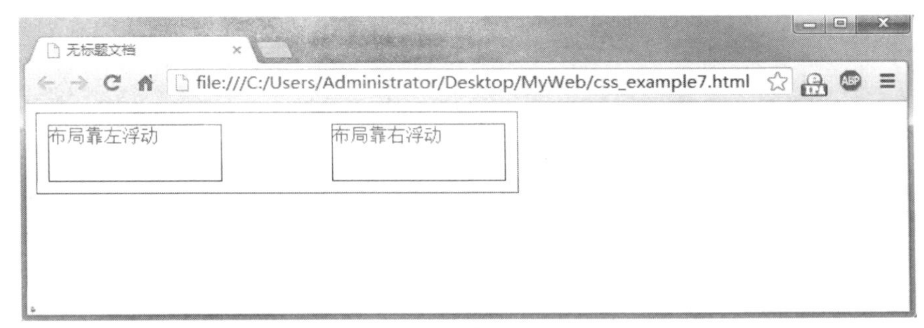

图 6-15　设置浮动

例 6-53 中，如果没有<div class="clear"></div>，则会出现下面的效果（图 6-16）。这是因为浮动元素脱离了文档流，所以包围这两个浮动框的 div 不占据空间。设置 clear 属性可以清理浮动，如例中所设置的那样。clear 属性的值可以是 left、right、both 或 none，它表示框的哪些边不应该挨着浮动框。

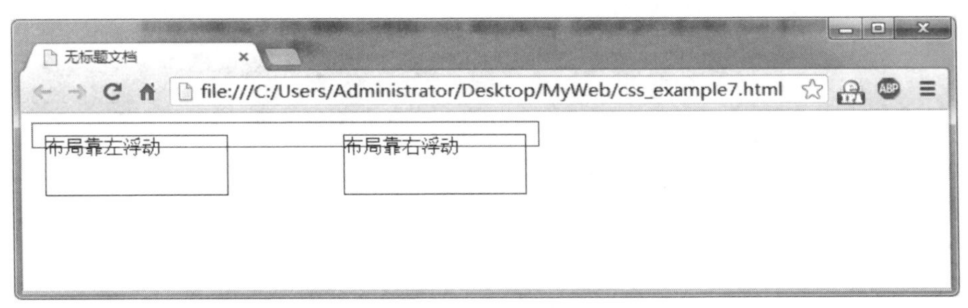

图 6-16　不清理浮动的结果

6.7　CSS3 新特性

CSS3 规范在 CSS2.1 的基础上进行了很多增补和修订，更加模块化，新增了不依赖图片的视觉效果、更丰富的字体、更强大的选择器、过渡与动画效果、媒体查询、多列布局等。

6.7.1　边框

使用 CSS3 能够创建圆角边框，向矩形添加阴影，使用图片来绘制边框。

1. 圆角边框

通常使用 border-radius 属性创建圆角边框。使用 border-top-left-radius、border-top-right-radius、border-bottom-right-radius、border-bottom-left-radius 可以分别创建单边圆角，为四个角设置不一样的值。也可以使用 border-radius 简写属性。

例 6-54　设置圆角边框

```
<!DOCTYPE html>
<html>
<head>
<meta charset="utf-8">
<style>
```

```
        div
        {
            text-align:center;
            border:2px solid #a1a1a1;
            padding:10px 40px;
            background:#eee;
            width:300px;
            border-radius:15px;
        }
    </style>
    </head>
    <body>
        <div>使用 border-radius 属性添加圆角。</div>
    </body>
    </html>
```

页面显示效果如图 6-17 所示。

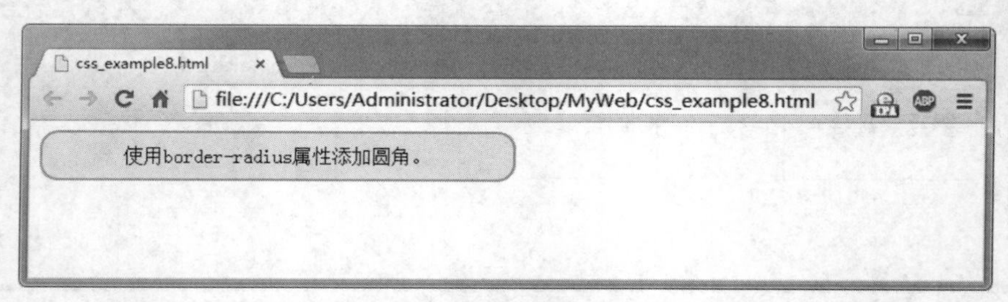

图 6-17　添加圆角边框

2. 边框阴影

使用 box-shadow 属性可以为边框添加一个或多个阴影。该属性是由逗号分隔的阴影列表，每个阴影由 2～4 个长度值、可选的颜色值以及可选的 inset 关键词来规定。省略的长度值是 0。语法为：

```
box-shadow: h-shadow v-shadow blur spread color inset;
```

h-shadow，必需，设置水平阴影的位置；v-shadow，必需，设置垂直阴影的位置；blur，可选，设置模糊距离；spread，可选，设置阴影的尺寸；color，可选，设置阴影的颜色；inset，可选，将外部阴影（outset）改为内部阴影。

例 6-55　边框阴影实例

```
div{box-shadow:10px 10px 5px #888888;}
```

阴影的效果如图 6-18 所示。

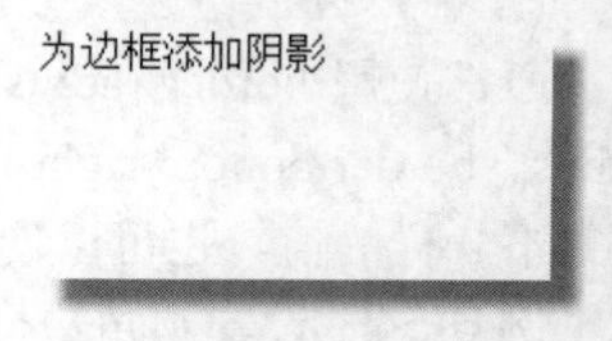

图 6-18　边框阴影

3. 边框图片

通过 CSS3 的 border-image 属性来使用图片创建边框。

例 6-56　设置边框图片

```
div{border-image:url(images/border.png) 30 30 round;}
```

6.7.2 背景

CSS3 包含多个新的背景属性，提供了对背景更强大的控制，包括规定背景图片的尺寸、规定背景图片的定位区域，使用多个背景图像等。

1. 背景图片的尺寸

在 CSS3 之前，背景图片的尺寸是由图片的实际尺寸决定的。在 CSS3 中，可以用像素或百分比规定背景图片的尺寸。

例 6-57　设置背景图片尺寸实例

```
p
{
    background:url(images/001.png);
    background-size: 100% 40%;
    background-repeat:no-repeat;
}
```

2. 背景图片的定位区域

background-origin 属性用于规定背景图片的定位区域，可以相对于 content-box、padding-box 或 border-box 区域来定位，如图 6-19 所示。

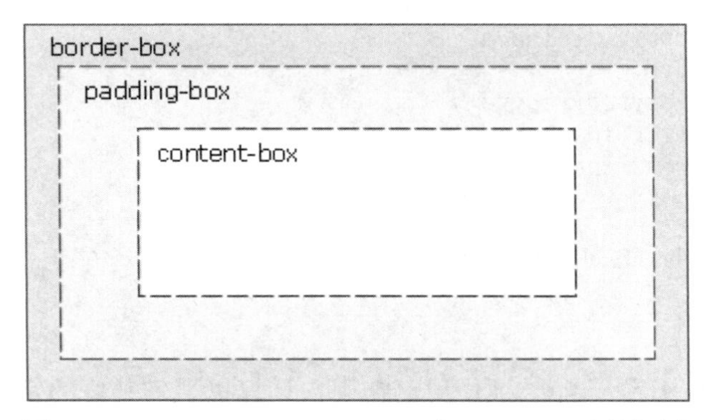

图 6-19　content-box、padding-box 和 border-box 区域示意

例 6-58　设置背景图像的定位区域

```
div{
        width:300px;
        height:500px;
        padding:50px;
        background:url(images/001.png);
        background-repeat:no-repeat;
        background-size:100% 100%;
        background-origin:padding-box;
        /*background-origin:content-box;*/
    }
```

读者可以比较一下相对于 padding-box 和相对于 content-box 定位的区别。

3. 使用多个背景图像

CSS3 允许为元素使用多个背景图像。

例 6-59　使用多个背景图像实例

```
body {   background: url(images/002.jpg) 0px 0px no-repeat,url(images/001.png) 300px 0 no-repeat; }
```

6.7.3 文本效果

CSS3 包含多个新的文本特性，如文本阴影、自动换行等。

1. 文本阴影

使用 text-shadow 属性向文本应用阴影，能够规定水平阴影、垂直阴影、模糊距离，以及阴影的颜色。

例 6-60 文本阴影实例

```
h1{text-shadow: 5px 5px 5px #FF0;}
```

给标题添加阴影效果

2. 自动换行

例 6-61 自动换行实例

```
p {width: 200px; word-wrap:break-word;}
```

```
This paragraph contains a
very long word:
thisisaveryveryveryveryve
ryverylongword. The long
word will break and wrap
to the next line.
```

可以看到，其中的长单词自动换行。

6.7.4 字体

在 CSS3 之前，Web 设计师必须使用已在用户计算机上安装好的字体。通过 CSS3，Web 设计师可以使用他们喜欢的任意字体。在@font-face 中，可以定义字体。

例 6-62 设置字体实例

```
<style>
    @font-face
    {
        font-family: FontAwesome;
        src: url('font/ fontawesome-webfont.ttf'),
        url('font/ fontawesome-webfont..eot'); /* IE9+ */
    }
    div
    {
        font-family:FontAwesome;
    }
</style>
```

6.7.5 过渡

通过 CSS3，在不使用 Flash 动画或 JavaScript 的情况下，当元素从一种样式变换为另一种样式时为元素添加效果。

例 6-63　设置过渡效果

```
<!doctype html>
<html>
<head>
<meta charset="utf-8">
<title>无标题文档</title>
<style type="text/css">
    div
    {
        width:120px;
        height:100px;
        background:blue;
        transition:width 2s;
    }

    div:hover
    {
        width:300px;
    }
</style>
</head>
<body>
    <div>看一下过渡效果</div>
</body>
</html>
```

使用“transition:width 2s;”实现过渡效果，应用过渡的 CSS 属性是 width，过渡时间是 2 秒。效果是当鼠标滑过 div 时，div 的宽度由 120px 变为 300px，过渡过程用时 2 秒。

此外，CSS3 还可以实现动画、2D 转换、3D 转换、多列等效果。基于篇幅所限，不再赘述。

6.7.6　多列

通过 CSS3，可以创建多个列来对文本进行布局。

例 6-64　多列实例

```
div
{
-moz-column-count:3;          /* Firefox */
-webkit-column-count:3;       /* Safari 和 Chrome */
column-count:3;
}
```

以上 CSS 样式的作用是使 div 中的内容分为三列。效果如图 6-20 所示。

通过 CSS3， 可以创 建多个 列来对	文本进 行布 局。本 例中CSS 样式的	作用是 使div中 的内容 分为三 列。

图 6-20　多列

6.8 CSS 综合应用

在本章的 CSS 综合应用中，将展示如何将上一章中的基本 HTML 结构应用 CSS 样式，从而获得设计图的效果。

由于 CSS3 的某些属性在老版本的浏览器中无法得到支持，因此在预览网页效果时，请选用 Chrome、Firefox、IE9 以上版本的浏览器。浏览器的兼容性问题不是本书所讨论的问题。

6.8.1 引用外部样式表

在开始设计 CSS 之前，先做一项重要的工作：将前面例子中的写在内部样式表中的 CSS 样式放在外部样式表中，通过引用外部样式表的方式应用 CSS 样式。

引用外部样式表使得多个 HTML 文档可以同时引用一个样式表。也就是说，可以用一个 CSS 文件来控制多个 HTML 文档的布局，当改变这个 CSS 文件时，所有引用该文件的 HTML 文档样式都发生变化。这样更好地贯彻了内容与表现相分离的原则，因此，引用外部样式表是推荐的做法。

在网站文件夹中的 css 目录下新建一个文本文档，重命名并修改文件扩展名，命名为“style.css”。

使用 Dreamweaver 编辑 HTML 文件。仍然使用上一章中的 article.html 文件，为了引用外部样式表，先将内部样式表删掉，即删掉<style type="text/css">…</ style>标签以及标签中的所有内容。

在 Dreamweaver 的 CSS 设计器中，单击“源”后面的加号，添加一个外部 CSS 样式表的路径，如图 6-21 所示。操作完成后，在<head>标签内添加了一个<link>标签：

```
<link href="css/style.css" rel="stylesheet" type="text/css">
```

熟练后，可以直接编辑<link>标签，不必每次都通过 CSS 设计器添加。

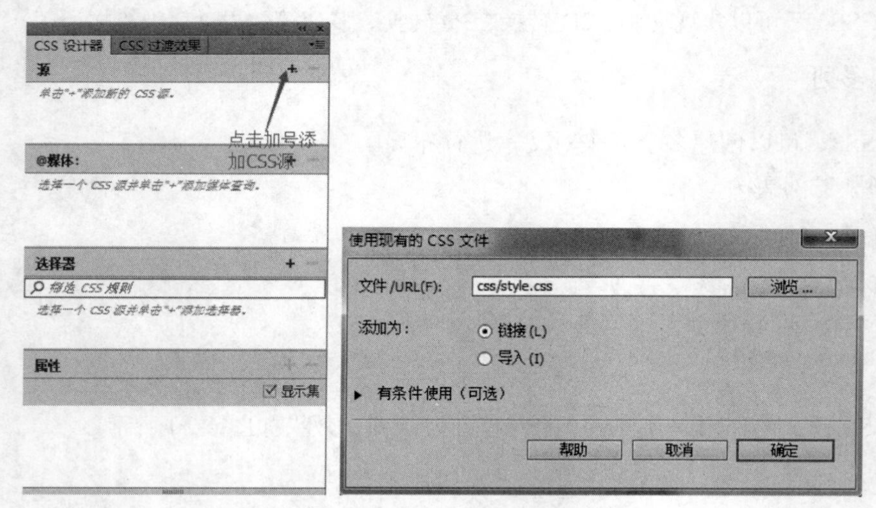

图 6-21　添加外部 CSS 源

在引入外部样式表后，Dreamweaver 的相关文件工具栏出现链接的外部文件，如图 6-22 所示。单击 CSS 文件名即可在 Dreamweaver 中编辑样式表文件。

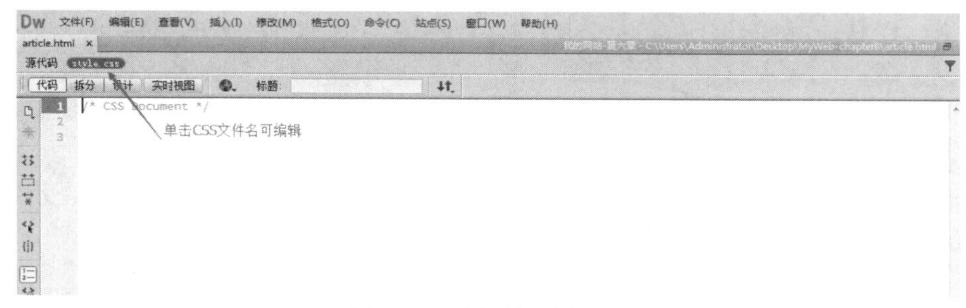

图 6-22　编辑外部样式表

6.8.2　设置全局样式

需要在整个页面中应用的样式有内外边距、背景颜色、字体、超链接、列表项等。代码提示和自动补全无疑是 Dreamweaver 最方便的功能之一，例如要编辑 margin 属性，键入首字母“m”后，代码提示自动定位到 margin，双击选择该属性即可，如图 6-23 所示。

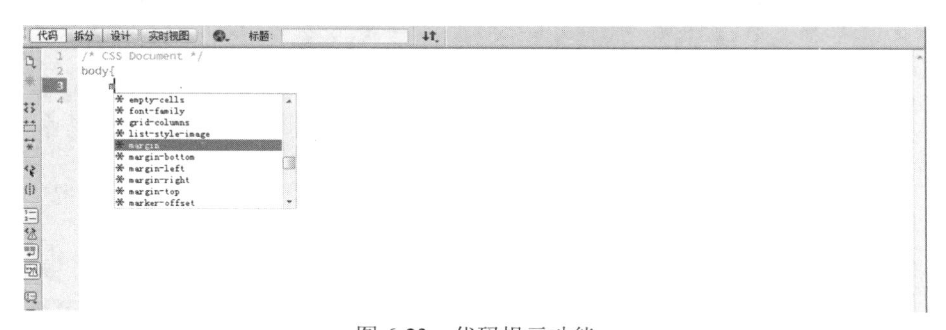

图 6-23　代码提示功能

在编辑颜色的属性值时，一旦键入“#”，自动出现颜色编辑器，可以在颜色编辑器中选择合适的颜色，如图 6-24 所示。

图 6-24　颜色编辑器

而在编辑字体属性时，代码提示会自动打开“管理字体”列表供用户选择，如图 6-25 所示。

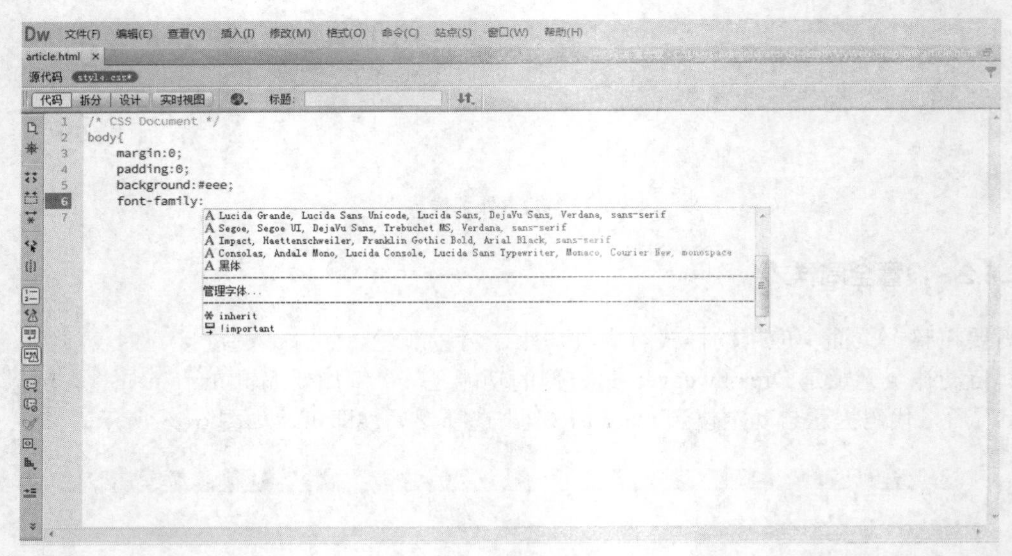

图 6-25 管理字体

最终，body 标签选择器为：

```
body{
    margin:0;
    padding:0;
    background:#eee;
    font-family: "Helvetica Neue", Helvetica, Microsoft Yahei, Hiragino Sans GB, WenQuanYi Micro
Hei, sans-serif;
font-size:14px;
}
```

为 body 元素设置了样式“margin:0;padding:0;”，这正像前文中所说，不同的浏览器往往有默认的内外边距，在 body 元素中统一设置为 0，可以消除浏览器在这一点上的差异。此外，为整个页面设置统一的背景、字体和字号。

此外，纵观整个页面，默认超链接使用无下划线格式，列表使用无样式列表。因此，添加 a 标签选择器和 ul 标签选择器，将 a 设置无下划线，将 ul 设置为无样式列表：

```
a{
    text-decoration:none;
}
ul{
    list-style-type:none;
}
```

6.8.3 header 样式

1. header 整体样式

设置 header 选择器的宽度、高度、外边距（水平居中）、背景颜色。

```
header{
    width:90%;
    height:140px;
    margin:5px auto;
    background:#149de0;
}
```

2. LOGO 样式

logo 类选择器中，需要设置 LOGO 为内联元素，设置外边距、内边距、字体大小、字体颜色、高度、行高、边框样式、边框圆角。

```
.logo{
display:inline-block;
    margin:20px 30px;
    padding:3px;
    font-size:18px;
    color:white;
    height:30px;
    line-height:1.8em;
    border:3px solid #fff;
    border-radius:10px;
}
```

在 HTML 代码中为 LOGO 的列表项应用这个样式，即：

```
<li class="logo">BYW</li>
```

3. Banner 的样式

banner 类选择器中，需要设置字体系列（字体列表中没有“Bodoni MT Black”字体，需要在“管理字体”对话框中找到这个字体并选择）、字体加粗、斜体、字号和字体颜色。

```
.banner{
    display:inline-block;
    font-family:"Bodoni MT Black";
    font-weight:bold;
    font-style:italic;
    font-size:30px;
    color:#fff;
}
```

在 HTML 代码中为 banner 的列表项应用这个样式，即：

```
<li class="banner">Build Your WebSite</li>
```

4. 搜索框的样式

为搜索框所在的列表项设置内联、左外边距（与左侧 banner 隔开一定距离）：

```
.search{
    display:inline-block;
    margin-left:450px;
}
```

在 input 标签选择器中，需要设置搜索框的外边距（上、右）、宽度、高度、背景颜色、字体系列、边框样式和边框圆角。

```
header input{
    margin-top:30px;
    margin-right:100px;
    width:120px;
    height:30px;
    background:#eee;
    font-family: "Helvetica Neue", Helvetica, Microsoft Yahei, Hiragino Sans GB, WenQuanYi Micro Hei, sans-serif;
    color:#aaa;
    border: 1px solid #fff;
    border-radius:5px;
}
```

为搜索框应用样式：

```
<li class="search">
    <form>
        <input type="search" placeholder="关键词...">
    </form>
</li>
```

5. 导航栏

在 header nav ul 标签选择器中，设置导航栏的右边距，并且设置内容靠右对齐：

```
header nav ul{
    margin-right:150px;
    text-align:right;
}
```

设置列表项为内联方式，也就是所有的导航链接置于一行：

```
header nav ul>li{
    display:inline;
}
```

设置导航链接的内边距、字符间距、字体大小和文字颜色：

```
header nav ul>li a{
    padding:10px 10px;
    letter-spacing:5px;
    font-size:18px;
    color:#EEEEEE;
}
```

设置当前导航链接的样式（加粗、文字颜色、下边框）：

```
header nav ul>li.active a{
    font-weight:bold;
    color:#fff;
    border-bottom:3px solid #fff;
}
```

将 header nav ul>li.active a 应用于 HTML 代码：

```
<li class="active"><a href="article.html">文章</a></li>
```

header 区域的所有样式都设置好后，页面的显示效果如图 6-26 所示。

图 6-26　header 区域的显示效果

6.8.4　主体区域

设置主体区域的宽度、高度和外边距（用 auto 实现居中对齐）：

```
.container{
    width:90%;
    height:auto;
    margin:5px auto;
}
```

6.8.5　aside 区域

1. 为 aside 区域设置样式

设置外边距（目的是与 header 区域分隔开）、内边距、宽度、高度、内容居中对齐、文字大小、左浮动、背景颜色。

```
.container aside{
    margin:10px 0;
    padding-top:20px;
    width:20%;
    height:600px;
    text-align: center;
    font-size:14px;
    float:left;
    background:#fff;
}
```

2. 为“文章列表”标题设置样式

为 h2 标题设置一个上边距，以使其与上方的用户说明之间有一个合适的间隔。

```
.container aside h2{
    padding-top:20px;
}
```

3. 为文章列表设置样式

```
/*使列表有一个合适的左外边距，并且设置内容左对齐*/
.container aside ul{
    margin-left:40px;
    text-align:left;
}
/*设置每一个列表项的高度*/
.container aside ul>li{
    height:30px;
}
/*设置列表项链接的文字颜色*/
```

```
.container aside ul>li a{
    color:#333;
}
/*设置鼠标悬停时的链接颜色*/
.container aside ul>li a:hover{
    color:#aaa;
}
/*设置当前选中的列表项链接的文字颜色*/
.container aside ul>li.active a{
    color:#149de0;
}
```

将选中的列表项应用上一个样式，即：

```
<li class="active"><a href="#">2015 年 8 月</a></li>
```

样式设置完成后，页面显示效果如图 6-27 所示。

张三 前端设计狮

文章列表

2015年8月
2015年7月
2015年6月
2015年5月
2015年4月
2015年3月
2015年2月
2015年1月
2014年12月
2014年11月以前

图 6-27 aside 区域的显示效果

6.8.6 section 区域

1. 为 section 区域设置外边距、内边距、宽度、高度、右浮动、背景颜色

```
.container section{
    margin:10px 0;
    padding:10px 20px;
    width:76%;
    height:600px;
    float:right;
    background:#fff;
}
```

设置后页面显示效果如图 6-28 所示。

图 6-28　为 section 设置样式后的显示效果

2. 设置文章之间的间隔

```
.container section article{
    margin:30px 0;
}
```

3. 设置文章标题的样式

```
/*设置标题的高度、行高、左边距（使左侧竖线与标题文字有一个合适的间隔）、左边框（用来实现左侧的竖线）*/
.container section article h3{
    height:40px;
    line-height:2.5em;
    padding-left:20px;
    border-left:3px solid #e60012;
}
/*设置标题链接的文字大小和颜色*/
.container section article h3 a{
    font-size:16px;
    color:#aaa;
}
/*设置鼠标悬停时标题链接的文字颜色*/
.container section article h3 a:hover{
    color:#149de0;
}
```

文章正文和“查看全文”链接按照默认样式即可。

设置完成后，显示效果如图 6-29 所示。

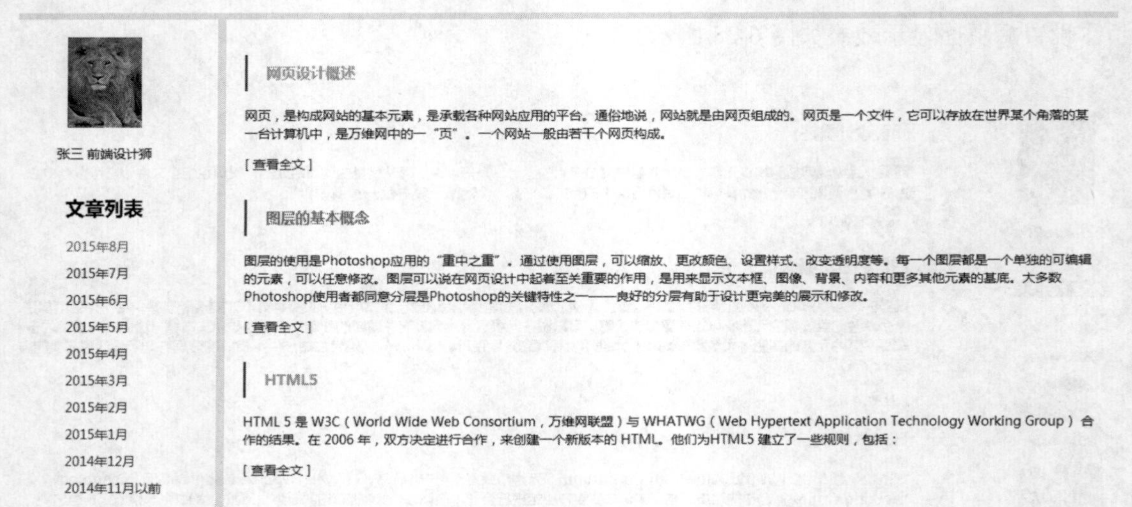

图 6-29　页面显示效果

6.8.7　footer 区域

```
footer{
        text-align:center;
}
```

整个网页的显示效果如图 6-30 所示。

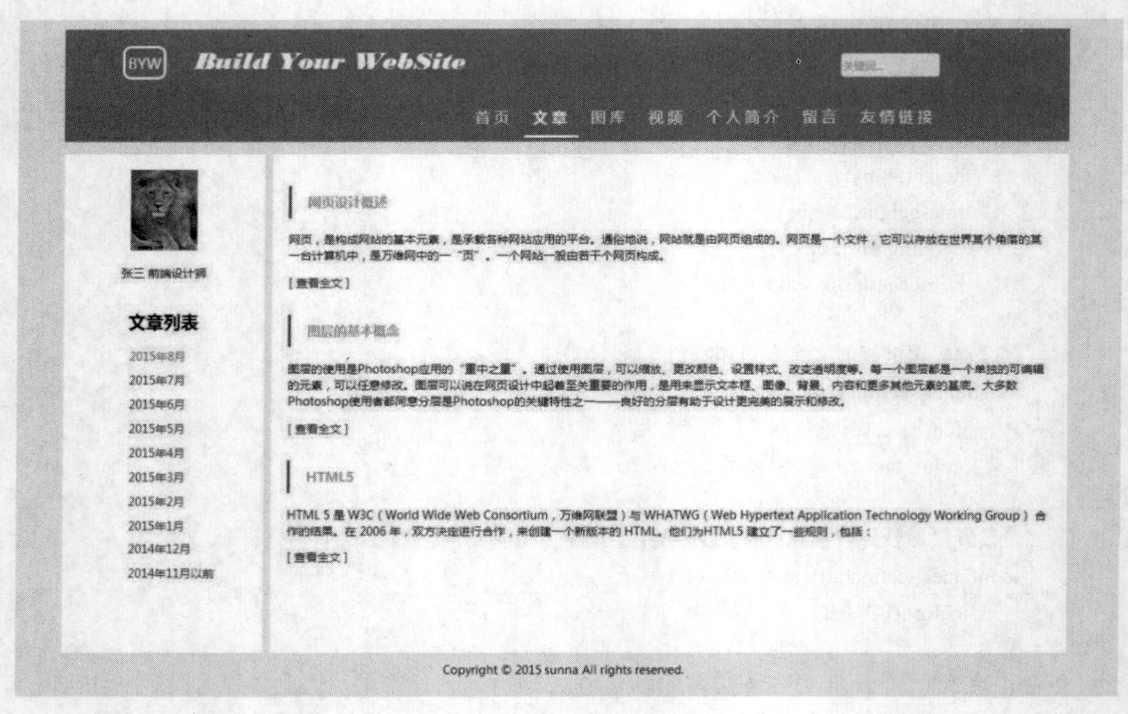

图 6-30　整个页面效果

6.9　本章小结

在网页中，CSS 是必不可少的一部分，没有 CSS，就不可能制作出精美的网页效果，正是依靠 CSS，才真正实现了网页内容与展现形式的分离。CSS3 是目前主流的 CSS 标准。在本章中，介绍了 CSS（CSS3）的基本知识和具体应用。

首先介绍了 CSS 的基础知识，包括 CSS 简介、CSS 的优点，以及最新的 CSS3 的情况。

接着通过几个例子说明了如何在页面中引入 CSS 以及引入 CSS 时的优先级问题。

然后重点介绍了 CSS 语法，包括 CSS 基本语法、CSS 选择器、CSS 高级语法等。由于本书主要面向初学者，没有过细地讲解 CSS 选择器，如需更深入的知识，读者可以参考其他专门介绍 CSS 的文献。

之后详细讲解了 CSS 样式，包括背景、文本、字体、链接、列表、表格、CSS 尺寸等样式的应用；CSS 盒模型，包括内边距、外边距、边框等设置；CSS 定位的知识，包括相对定位和绝对定位，以及如何设置浮动。其中每一个样式都给出了实例，便于读者理解。

还用了一整节介绍 CSS3 的新特性，包括边框、背景、文本效果、字体、过渡、多列等。使用 CSS3 的新特性可以实现过去需要图片、Flash 动画等才能显示的效果，极大地丰富了网页的表现。

最后展示了一个 CSS 综合应用的实例，为上一章中的 HTML 结构设置 CSS 样式，使其符合 Photoshop 设计效果图的要求。

第7章　JavaScript 应用基础

虽然 JavaScript 中含有 Java 的字符，但 JavaScript 与 Java 却是两种完全不同的语言，无论是在概念还是设计上。在以下章节中，有时也简称 JavaScript 为 JS。

JavaScript 是一种属于网络的脚本语言，已经被广泛用于 Web 应用开发，常用来为网页添加各式各样的动态功能，为用户提供更流畅美观的浏览效果。JavaScript 语言同其他语言一样，有基本数据类型、表达式和算术运算符及程序的基本程序框架。

本章是对 JavaScript 的入门级讲解，尽量只涉及比较基础的应用。如需深入学习 JavaScript，可以参考其他 JavaScript 书籍。

本章的内容包括：

- JavaScript 概述，包括 JavaScript 的基本情况、优点、常用的 JavaScript 库等；
- JavaScript 基本语法，包括如何引入 JavaScript，JavaScript 变量和数据类型、注释、语句、函数和作用域、对象，以及 DOM 等内容；
- 目前应用最广泛的 JavaScript 库——jQuery 的基本用法，包括 jQuery 的简介、如何引入 jQuery、jQuery 语法和选择器、jQuery 事件、jQuery DOM 等；
- 一个综合应用实例，以不同的方式实现了图片轮播的效果。

7.1　JavaScript 概述

JavaScript 是一种轻量级的编程语言，插入 HTML 页面后，可由所有的现代浏览器执行。它的解释器被称为 JavaScript 引擎，是浏览器的一部分，广泛用于客户端的脚本语言，最早是在 HTML（标准通用标记语言下的一个应用）网页上使用，用来给 HTML 网页增加动态功能。

在 HTML 中，利用 JavaScript 可以写入 HTML 输出，可以对类似于 onclick 的事件做出响应，可以改变 HTML 的内容，可以改变 HTML 的样式，可以控制 HTML 图像，可以验证输入等。总之，利用 JavaScript，可以实现很多 HTML 本身无法实现的功能。

7.1.1　JavaScript 的优点

JavaScript 具有许多优点：

（1）简单性：JavaScript 是一种脚本编写语言，因而是一种解释性语言，它提供了一个简易的开发过程。它不需要先编译，而是在程序运行过程中被逐行地解释。而且它与 HTML 标识结合在一起，更加方便用户的使用。

（2）动态性：JavaScript 是动态的，它可以直接对用户或客户输入做出响应，无须经过 Web 服务程序。它对用户的响应，是采用以事件（按下鼠标、移动窗口、选择菜单等）驱动的方式进行的。

（3）跨平台性：JavaScript 依赖于浏览器本身，与操作环境无关，只要能运行浏览器的计算机，并支持 JavaScript 的浏览器就可以正确执行。

7.1.2　常用的 JavaScript 库

JavaScript 高级程序设计（特别是对浏览器差异的复杂处理）通常很困难也很耗时。为了应对这些调整，许多 JavaScript 库应运而生，这些库也被称为 JavaScript 框架。所有这些框架都提供针对常见 JavaScript 任务的函数，包括动画、DOM 操作以及 AJAX 处理。

常用的 JavaScript 库有 jQuery、Prototype、MooTools、Dojo 等。

- jQuery

jQuery 是轻量级的 JS 库，它兼容 CSS3，还兼容各种浏览器（IE 6.0+、FF 1.5+、Safari 2.0+、Opera 9.0+），jQuery2.0 及后续版本不再支持 IE6/7/8 浏览器。jQuery 使用户能更方便地处理 HTML、事件，实现动画效果，并且方便地为网站提供 AJAX 交互。jQuery 还有一个比较大的优势是，它的文档说明很全，而且各种应用也讲解得很详细，同时还有许多成熟的插件可供选择。

- Prototype

Prototype 对 JavaScript 的内置对象（如 String 对象、Array 对象等）进行了很多有用的扩展，同时该框架中也新增了不少自定义的对象，包括对 AJAX 开发的支持等都是在自定义对象中实现的。Prototype 具备兼容各个浏览器的优秀特性，使用该框架可以不必考虑浏览器兼容性的问题。

- MooTools

MooTools 是一个简洁、模块化、面向对象的开源 JavaScript Web 应用框架。它为 Web 开发者提供了一个跨浏览器 JS 解决方案。它是一个灵活、模块化的框架，用户可以选择自己需要的组件，并且符合面向对象的思想，使代码更强壮、有力、有效。它还提供了高效的组件机制，可以和 Flash 进行完美的交互。同时，对于 DOM 的扩展增强，开发者可更好地利用 document。

- Dojo

Dojo 为富互联网应用程序（RIA）的开发提供了完整的端到端的解决方案，包括核心的 JavaScript 库、简单易用的小部件（Widget）系统和一个测试框架，此外，Dojo 的开源开发社区还在不停地为它提供新的功能。

7.2　JavaScript 基本语法

JavaScript 是一个运行于浏览器的解释性语言，这意味着它要以适当的形式嵌入在 HTML 中。

7.2.1　引入 JavaScript

如果要在 HTML 页面中插入 JavaScript，需要使用<script>标签。<script>和</script>分别表示 JavaScript 的开始和结束。<script>标签既可以放在 HTML 页面的<head>部分中，也可以放在<body>中。

在<script>和</script>引入 JS 有几种方式。

JavaScript 是 HTML5 以及所有现代浏览器中的默认脚本语言，因此可以直接写<script>…</script>，而不需要写<script type="text/javascript">…</script>。

1. 内嵌的JS代码段

这种情况下多为不可重用，或页面打开时就要加载大量代码。通过以下形式引入：

```
<script>
//...javascript 代码段
</script>
```

2. 直接引用.js文件

这种情况多为已经通用的函数或类，将其放在一个文件里，供所有需要的页面使用。

例7-1 直接引用.js文件

```
<script src="js/jquery.min.js"></script>
```

3. HTML标签内调用JS

这种情况多用于较少代码较简单功能的使用，或函数的调用，可以写在onclick/onload/onkeypress/onkeydown等事件中。

例7-2 HTML标签内调用JS

```
<input type="checkbox" onclick="this.checked?$('#reg_port_id').show(): $('#reg_port_id').hide();"title="
选填项" tabindex="9" id="check_id" />
```

7.2.2 JavaScript变量和数据类型

变量是存储信息的容器。就像在代数中，我们使用字母（比如x，y）来保存值（比如2，3），那么，通过表达式z=x+y，我们能够计算出z的值为5。在JavaScript中，这些字母被称为变量。

1. JavaScript变量

JavaScript变量可用于存放值（比如x=2）和表达式（比如 z=x+y）。

变量可以使用短名称（比如 x 和 y），也可以使用描述性更好的名称（比如 age、sum、totalvolume）。

变量一般以字母开头，也能以“$”和“_”符号开头（不过不推荐这么做）。

注意：变量名称对大小写敏感（y和Y是不同的变量）。

2. JavaScript变量的数据类型

JavaScript变量的数据类型有很多，例如字符串、数字、布尔、数组、对象、Null、Undefined等，也可以是数组。

JavaScript拥有动态类型。这意味着相同的变量可用作不同的类型。

例7-3 JavaScript动态类型实例

```
var x;// x 为 undefined
// x 为数字，数字可以带小数点，也可以不带。极大或极小的数字使用科学计数法书写
var x1=34.00;          //使用小数点来写
var x2=34;             //不使用小数点
var x=123e5;           // 12300000
// x 为字符串，字符串可以是引号中的任意文本。可以使用单引号或双引号
var x = "Bill";
var x=true;            // x 为布尔类型
var x=[1,2,3];         //数组
```

3. 声明（创建）JavaScript变量

使用var关键词来声明变量，例如：

```
var x;
```

变量声明之后，该变量是空的（它没有值）。使用等号向变量赋值：

```
x=6;
```

也可以在声明变量时对其赋值：

```
var x=6;
```

可以在一条语句中声明很多变量，变量之间用逗号隔开。例如：

```
var name="Gates", age=56, job="CEO";
```

注意：一个好的编程习惯是，在代码开始处统一对需要的变量进行声明。

7.2.3　JavaScript 注释

JavaScript 注释可用于提高代码的可读性，可以是单行注释或多行注释。与 HTML 注释及 CSS 注释一样，JavaScript 注释也不会被执行。

1. 单行注释以“//”开头

例 7-4　单行注释实例

```
// 输出标题：
document.getElementById("myH1").innerHTML="欢迎来到我的网站";
// 输出段落：
document.getElementById("myP").innerHTML="这是一个段落";
```

2. 多行注释以“/*”开头，以“*/: 结尾

例 7-5　多行注释实例

```
/*下面的代码将输出一个
标题和两个段落*/
document.write("<h1>This is a header</h1>");
document.write("<p>This is a paragraph</p>");
document.write("<p>This is another paragraph</p>");
```

7.2.4　JavaScript 语句

JavaScript 是脚本语言。浏览器会在读取代码时，逐行地执行脚本代码。而对于传统编程来说，会在执行前对所有代码进行编译。

1. JavaScript 语句

JavaScript 语句是向浏览器发出的命令，告诉浏览器该做什么。

例 7-6　JavaScript 语句实例

```
document.getElementById("content").innerHTML="这是内容部分";
```

这条语句的作用是向 id=content 的 HTML 元素输出文本“这是内容部分”。

2. JavaScript 代码

JavaScript 代码是 JavaScript 语句的序列。浏览器会按照顺序来执行每条语句。

例 7-7　JavaScript 代码实例

```
document.getElementById("content").innerHTML="这是内容部分";
document.getElementById("part1").innerHTML="这是第一部分内容";
```

这段代码的作用是顺序操作两个 HTML 元素。

3. JavaScript 代码块

JavaScript 语句通过代码块的形式进行组合。块由左花括号开始，由右花括号结束。

块的作用是使语句序列一起执行。

例 7-8　JavaScript 代码块

```
function inner(){
    document.getElementById("content").innerHTML="这是内容部分";
    document.getElementById("part1").innerHTML="这是第一部分内容";
}
```

7.2.5　JavaScript 函数和作用域

1. 函数定义

函数是由事件驱动的代码块，或可重复使用的代码块。

函数是包裹在花括号中的代码块，前面使用关键词 function 定义。

```
function  函数名(参数 1，参数 2,…){
    //函数体
    …
    return  返回值;//可选
}
```

当调用该函数时，会执行函数体代码。

例 7-9　JavaScript 函数实例

```
<!DOCTYPE html>
<html>
<head>
<meta charset="utf-8">
    <script>
        function myFun(){
            alert("弹出警告框!");
        }
    </script>
</head>
<body>
    <button onclick="myFun()">点击这里</button>
</body>
</html>
```

页面效果如图 7-1 所示。

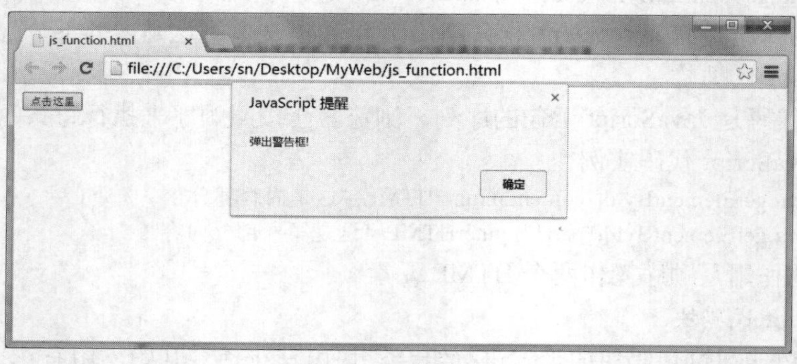

图 7-1　函数实例

2. 函数参数

在调用函数时可以向其传递值，这些值称为参数。可以有任意个参数，参数之间用逗号“,”分隔。

变量和参数必须以一致的顺序出现。第一个变量就是第一个被传递的参数的给定的值，以此类推。

例 7-10 函数参数传值实例

```
<button onclick="myFunction('Bill Gates','CEO')">点击这里</button>
    <script>
        function myFunction(name,job){
        alert("Welcome " + name + ", the " + job);
    }
</script>
```

结果如图 7-2 所示。

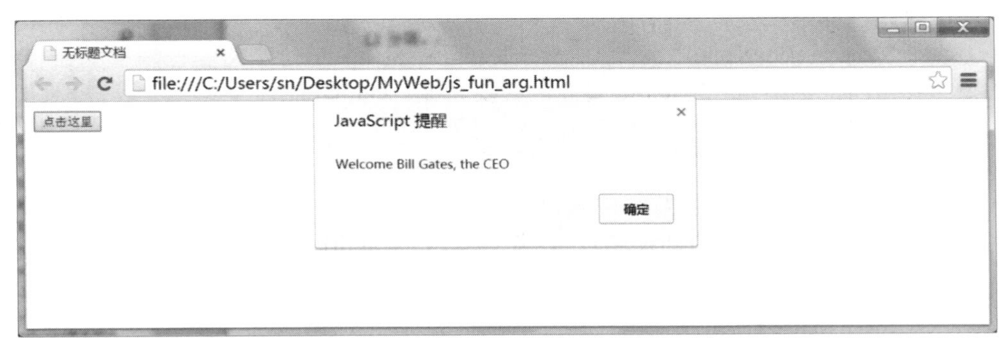

图 7-2 函数参数传值结果

3. 函数返回值

通过使用 return 语句实现返回值。在使用 return 语句时，函数会停止执行，并返回指定的值。

例 7-11 函数返回值实例

```
function myFunction(){
    var x=7;
    return x;
}
```

返回值是 7。

此时，如果声明：

```
var myVar=myFunction();
```

则 myVar=7。

4. 变量的作用域

在函数内部声明的变量是局部变量，只能在函数内部访问它，即该变量的作用域是局部的。可以在不同的函数中使用名称相同的局部变量，因为只有声明过该变量的函数才能识别出该变量。只要函数运行完毕，局部变量就会被删除。

在函数外声明的变量是全局变量，网页上的所有脚本和函数都能访问它。

7.2.6 JavaScript 对象

1. JavaScript 对象

JavaScript 中的所有事物都是对象，如字符串、数字、数组、日期等。

在 JavaScript 中，对象是拥有属性和方法的数据。

例 7-12 创建对象

```
car = new Object;
car.name="BMW";
car.model="320";
car.color="white";
car.drive();
```

本例中，创建了名为 car 的对象，并为其添加了三个属性和一个方法。

2. 访问对象的属性

访问对象属性的语法是：

```
objectName.propertyName
```

例如，要访问上例中 car 的 name 属性，就要写成：car.name;

3. 访问对象的方法

访问对象方法的语法是：

```
objectName.methodName(参数)
```

例如，要访问上例中 car 的 drive 方法，就要写成：car.drive();

7.2.7 DOM

通过 HTML DOM，可访问 HTML 文档中的所有元素。

1. HTML DOM（文档对象模型）概念

当网页被加载时，浏览器会创建页面的文档对象模型（Document Object Model）。

HTML DOM 模型被构造为对象的树，如图 7-3 所示。

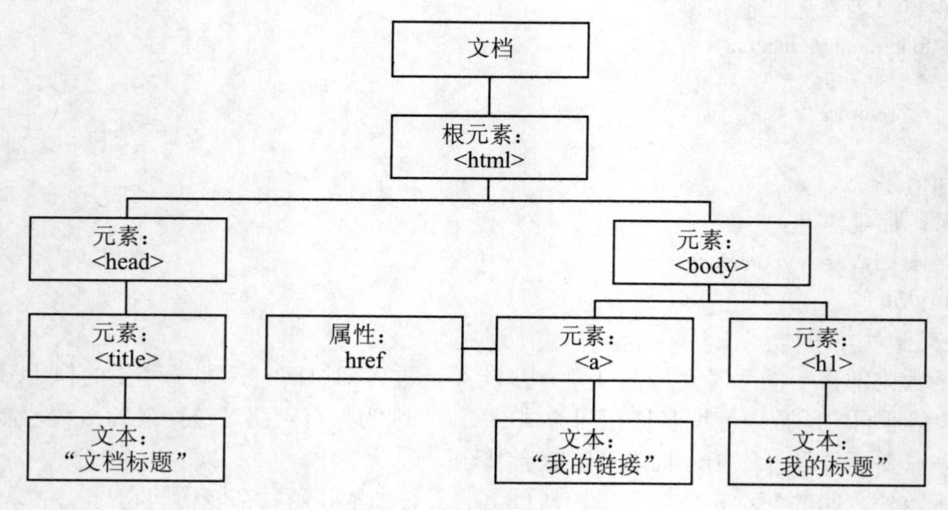

图 7-3 HTML DOM 树

JavaScript 能够改变页面中所有 HTML 元素、所有 HTML 属性，以及页面中的所有 CSS 样式，也可以对页面中的所有事件做出响应。

JavaScript 要操作一个 HTML 元素，必须先找到该元素。JavaScript 查找元素可以通过以下几种方法：

（1）通过 id 找到 HTML 元素

例 7-13 getElementById 实例

```
var x=document.getElementById("content");
```

查找 id=content 的元素，如果能找到该元素，则以对象的形式返回该元素；如果未找到该元素，则返回 null。

（2）通过标签名找到 HTML 元素

例 7-14 getElementsByTagName 实例

```
var x=document.getElementById("content");
var y=x.getElementsByTagName("p");
```

本例中，先查找 id=content 的元素，然后查找 content 中的所有 p 元素。

（3）通过类名找到 HTML 元素

例 7-15 getElementsByClassName 实例

```
var x = document.getElementsByClassName("treeview");
```

本例中，通过 getElementsByClassName("treeview")取得 HTML 中所有类名为 treeview 的元素。

getElementsByClassName()是 HTML5 新增的 DOM API。IE8 以下不支持。

2. 改变 HTML

JavaScript 能够创建动态的 HTML 内容。修改 HTML 内容最常用的方法是使用 innerHTML 属性，语法如下：

```
document.getElementById(id).innerHTML=new HTML
```

例 7-16 改变 HTML 内容

```
<!doctype html>
<html>
<head>
<meta charset="utf-8">
<title>无标题文档</title>
</head>

<body>
<p id="p1">使用 JavaScript 在元素里插入内容</p>
<script>
    document.getElementById("p1").innerHTML="这是插入的内容!";
</script>
</body>
</html>
```

页面显示效果如图 7-4 所示。

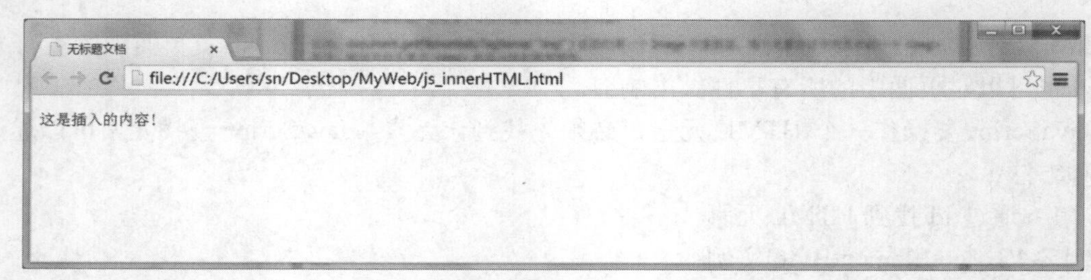

图 7-4 改变 HTML 元素的页面效果

本例中，使用 innerHTML 将 p1 元素中原有的内容替换为新内容“这是插入的内容!”。

使用 JavaScript 也可以改变 HTML 元素的属性，语法如下：

```
document.getElementById(id).attribute=new value
```

例 7-17 改变 HTML 属性

```
<!doctype html>
<html>
<head>
<meta charset="utf-8">
<title>无标题文档</title>
</head>

<body>
<img id="image1" src="images/002.jpg" border="0" />
<script type="text/javascript">
    document.getElementById("image1").border = 3;
</script>
</body>
</html>
```

页面显示效果如图 7-5 所示。本例中，使用 JavaScript 改变图像的 border 属性。

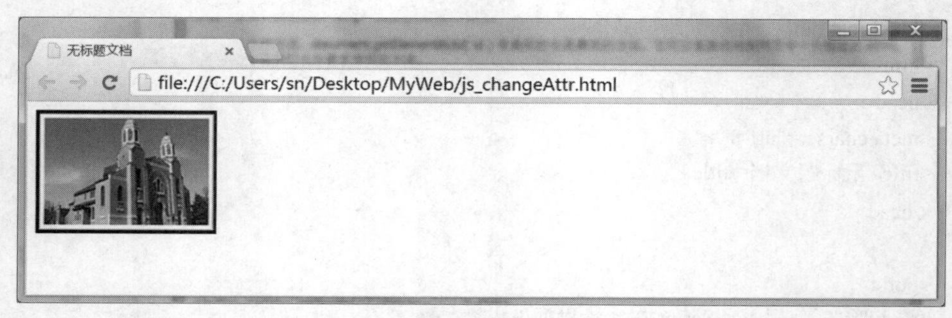

图 7-5 改变 HTML 元素属性的页面效果

3. 改变 HTML 的样式

可以使用 JavaScript 来改变 HTML 的样式，语法如下：

```
document.getElementById(id).style.property=new style
```

例 7-18 改变 HTML 样式实例

```
<h1 id="id_h1">标题 1</h1>
<script type="text/javascript">
```

```
        document.getElementById('id_h1').style.color="red";
    </script>
```

本例中，h1 标题被设置为红色。

4. 改变 HTML 的节点

使用 JavaScript 可以添加和删除 HTML 节点。

例 7-19　添加节点实例

```
<!doctype html>
<html>
<head>
<meta charset="utf-8">
<title>无标题文档</title>
</head>

<body>
<div id="div1">
    <p id="p1">这是一个段落</p>
    <p id="p2">这是另一个段落</p>
</div>
<script>
        var para=document.createElement("p");
        var node=document.createTextNode("添加一个新段落。");
        para.appendChild(node);
        var element=document.getElementById("div1");
        element.appendChild(para);
</script>
</body>
</html>
```

页面显示效果如图 7-6 所示。通过这种方式添加了一个新段落。

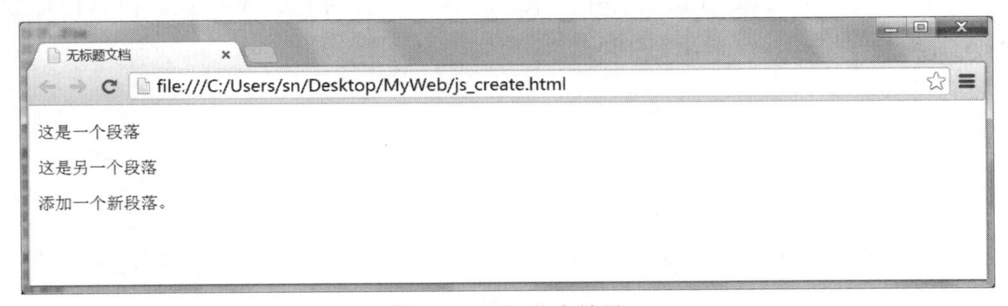

图 7-6　添加节点效果

删除 HTML 节点需要先找到要删除的节点的父元素，再从父元素中删除该子节点。

例 7-20　删除节点实例

在上例中，id 为 div1 的父元素中有两个节点，id 分别为 p1 和 p2。要删除 p1 节点，需要：

```
var parent=document.getElementById("div1");
var child=document.getElementById("p1");
parent.removeChild(child);
```

7.3 jQuery

jQuery 是目前最受欢迎的 JavaScript 框架。它使用 CSS 选择器来访问和操作网页上的 HTML 元素（DOM 对象）。jQuery 同时提供 companion UI（用户界面）和插件。

jQuery 极大地简化了 JavaScript 编程，看起来比原生 JavaScript 要简洁得多。

7.3.1 jQuery 简介

jQuery 是一个 JavaScript 函数库，同时还有许多成熟的插件可供选择，深受 Web 前端设计人员欢迎。它包含以下特性：

- HTML 元素选取
- HTML 元素操作
- CSS 操作
- HTML 事件函数
- JavaScript 特效和动画
- HTML DOM 遍历和修改
- AJAX
- Utilities

7.3.2 引入 jQuery

jQuery 可以免费下载使用，在 jQuery 官网（http://jquery.com/）有两个版本的 jQuery 可供下载：一份是精简过的，另一份是未压缩的（供调试或阅读）。

也可以从多个公共服务器上的 CDN 公共库中选择引用。国外的 Google、Microsoft 等多家公司为 jQuery 提供 CDN 服务，国内由新浪云计算（SAE）、百度云（BAE）等提供。

jQuery 库位于一个 JavaScript 文件中，其中包含了所有的 jQuery 函数。在 HTML 文档中引入 jQuery 非常简单，只需要在<script>标签中引用.js 文件：

```
<head>
    <script src="jquery.js"></script>
</head>
```

如要引用在线 CDN（例如 Google）上的 jQuery，则需要：

```
<head>
    <script src="http://ajax.googleapis.com/ajax/libs/jquery/1.4.0/jquery.min.js"></script>
</head>
```

7.3.3 jQuery 语法和选择器

1. jQuery 语法

jQuery 语法是为 HTML 元素的选取编制的，可以对元素执行某些操作。基本语法形式为：

```
$(selector).action()
```

其中，美元符“$”定义 jQuery；选择器（selector）查找 HTML 元素；action()执行对元素的操作。

例 7-21 jQuery 语句实例

```
$(this).hide()          //隐藏当前元素
$("p").hide()           //隐藏所有段落
$(".test").hide()       //隐藏 class="test"的所有元素
$("#test").hide()       //隐藏 id="test" 的所有元素
```

2. 文档就绪函数

为了防止文档在完全加载（就绪）之前运行 jQuery 代码，所有 jQuery 函数必须位于一个 document ready 函数中，形式如下：

```
$(document).ready(function(){
    //jQuery 函数
    ……
});
```

3. jQuery 选择器

使用选择器可以对元素组或单个元素进行操作。 jQuery 元素选择器和属性选择器允许通过标签名、属性名或内容对 HTML 元素进行选择。

jQuery 的基本选择器有以下几种：

（1）ID 选择器

格式：$("#id")

例如：$("#div2")　　//获取 ID 为 div2 的元素

（2）类选择器

格式：$(".class")

例如：$(".myDiv")　　//获取 class 为 myDiv 的一组元素

（3）标签选择器

格式：$("element")直接写元素名，例如 p、a、input、div 等。

例如：$("div")　　//获取所有的 div 元素

（4）通用选择器

格式：$("*")　　选择所有的元素

可见，jQuery 选择器的写法比原生 JavaScript 选择器要简单。

jQuery 选择器还支持以下写法：

例 7-22 jQuery 选择器的使用实例

```
$("p.intro")                //选取所有 class="intro"的 p 元素
$("p#demo")                 //选取所有 id="demo"的 p 元素
$("p:first")                //第一个 p 元素
$("p:last")                 //最后一个 p 元素
$("tr:even")                //所有偶数 tr 元素
$("tr:odd")                 //所有奇数 tr 元素
$(":contains('xyz')")       //包含指定字符串的所有元素。xyz 可替换为任意字符串
$(":empty")                 //无子（元素）节点的所有元素
$("p:hidden")               //所有隐藏的 p 元素
$("table:visible")          //所有可见的表格
```

本例中仅列举了 jQuery 选择器的一部分，jQuery 选择器非常强大，读者可以在学习过程中慢慢体会。

7.3.4 jQuery 事件

事件处理程序指的是当 HTML 中发生某些事件时调用的方法，这是 jQuery 中的核心函数。通常会把 jQuery 代码放到<head>部分的事件处理方法中，也可以放在<body>中，但网站包含许多页面时，为便于 jQuery 函数的维护，建议把 jQuery 函数放到独立的.js 文件中。

例 7-23 jQuery 事件实例

```
<html>
<head>
    <script src="js/jquery.min.js"></script>
    <script>
        $(document).ready(function(){
        $("button").click(function(){
        $("p").hide();
        });
    });
    </script>
</head>

<body>
    <h2>标题</h2>
    <p>这是一个段落。</p>
    <p>这是另一个段落。</p>
    <button>点击这里</button>
</body>
</html>
```

本例中，当单击按钮时，触发$("button").click(function())事件，在这个事件中，隐藏所有 p 元素，因此两个段落会被隐藏。

7.3.5 jQuery DOM

操作 DOM 是 jQuery 中非常重要的部分，jQuery 提供一系列与 DOM 相关的方法来访问和操作元素和属性。

1. 获取和设置内容、属性

可以通过以下方式：

text()——设置或返回所选元素的文本内容

html()——设置或返回所选元素的内容（包括 HTML 标记）

val()——设置或返回表单字段的值

attr()——获取属性值

其中，text()与 html()获取到的内容的区别在于：text()只获取文本，当该元素下有 html 代码时会被自动去除。

例 7-24 text()与 html()的区别

```
<div id="div1"><p>测试文本</p></div>
$("#div1").text();       //获取到的是："测试文本"
$("#div1").html();       //获取到的是："<p>测试文本</p>"
$("#div1").html("<p>测试文本</p>");
```

```
//实际在浏览器显示的是："测试文本"。也就是说，<p></p>会被浏览器解释。
$("#div1").text("<p>测试文本</p>");
//实际在浏览器显示的是："<p>测试文本</p>"。也就是说，<p></p>也会当做文本显示出来。
```

例 7-25 获取属性实例

```
$("#img1").attr("src");      //获取 id 为 img1 元素的 src 属性值
```

2. 添加新的 HTML 内容

append()——在被选元素的结尾插入内容

prepend()——在被选元素的开头插入内容

after()——在被选元素之后插入内容

before()——在被选元素之前插入内容

例 7-26 使用 append()追加内容实例

通过 text/HTML、jQuery 或者 JavaScript/DOM 来创建新元素，然后通过 append()方法把这些新元素追加到文本中。代码如下：

```
<!DOCTYPE html>
<html>
<head>
<meta charset="utf-8">
<script src="js/jquery.min.js"></script>
<script>
function appendText(){
   var txt1="<p>追加的内容 1</p>";                    //以 HTML 创建新元素
   var txt2=$("<p></p>").text("追加的内容 2");         //以 jQuery 创建新元素
   var txt3=document.createElement("p");
   txt3.innerHTML="追加的内容 3";                      //通过 DOM 来创建文本
   $("body").append(txt1,txt2,txt3);                  //追加新元素
 }
</script>
</head>
<body>
    <p>这是一个段落。</p>
    <button onclick="appendText()">追加文本</button>
</body>
</html>
```

在页面中，单击“追加文本”按钮后，会在原有段落后追加三个新段落，如图 7-7 所示。

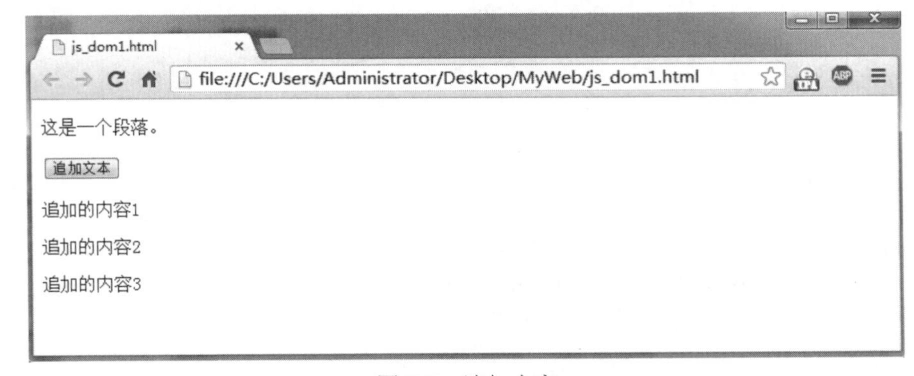

图 7-7　追加内容

3. 删除 HTML 元素

与原生 JavaScript 相比，jQuery 删除元素的语句更加简洁。可使用以下两个 jQuery 方法：

remove()——删除被选元素（及其子元素）

empty()——从被选元素中删除子元素（本质上是清空）

此外，remove()方法也可接受一个参数，允许对被删元素进行过滤，例如：

$("p").remove(".italic");

会删除 class="italic"的所有 p 元素。

例 7-27 删除元素实例

```
<!DOCTYPE html>
<html>
<head>
<meta charset="utf-8">
<script src="js/jquery.min.js"></script>
<script>
  $(document).ready(function(){
     $("#btn1").click(function(){
        $("#div1").remove();
     });
     $("#btn2").click(function(){
        $("#div2").empty();
     });
     $("#btn3").click(function(){
        $("p").remove(".italic");
     });
  });
</script>
</head>

<body>
<div id="div1" style="height:100px;width:300px;border:1px solid black; background-color : yellow;">
单击第一个按钮会删除这些内容
<p>子元素的内容也会被删除</p>
</div>
<div id="div2" style="height:100px;width:300px;border:1px solid black ; background-color : silver;">
单击第二个按钮会清除这些内容
<p>但是样式会保留</p>
</div>
<p>这个段落不会被删除</p>
<p class="italic"><i>italic 元素，会被删除</i></p>

<input id="btn1" type="button" value="删除元素">
<input id="btn2" type="button" value="清空元素">
<input id="btn3" type="button" value="过滤被删除元素">
</body>
</html>
```

图 7-8　删除元素实例页面

在本例中，单击第一个按钮，会删除 id 为 div1 的 div；单击第二个按钮，则只会清除 id 为 div2 的 div 中的内容而保留其样式；单击第三个按钮，会删除 class="italic"的所有 p 元素。

4. jQuery 操作 CSS

使用 jQuery 可以实现对 CSS 的操作，常用的方法有以下几种：

addClass()——向被选元素添加一个或多个类

removeClass()——从被选元素删除一个或多个类

toggleClass()——对被选元素进行添加/删除类的切换操作

css()——设置或返回样式属性

例 7-28　jQuery 操作 CSS 实例

定义以下 CSS：

```
.important{font-weight:bold;font-size:xx-large;}
.blue{color:blue;}
```

则通过以下 jQuery 代码：

```
$("button").click(function(){
  $("h1,h2,p").addClass("blue");
  $("div").addClass("important");
});
```

可以为 h1、h2、p 元素添加 blue 类，为 div 元素添加 important 类。

7.4　JavaScript 综合应用

本节以一个 Web 设计中常见的图片轮播的 jQuery 实现作为实例讲解。

图片轮播有多种方式，本例中采用的是包含<img>标签，利用 jQuery 的淡入淡出函数（fadeIn 和 fadeOut）做出轮播效果。

7.4.1 HTML 代码

代码如下：

```
<div class="imgbox">
<!--图片列表，除第一张显示外，其余隐藏-->
<ul>
<li style="display: block;" title="网页截图"><a href="#">
<img src="tuku/myweb.jpg" /></a></li>
<li title="ps 处理后的野花"><a href="#">
<img src="tuku/flower.jpg" /></a></li>
<li title="网页设计图"><a href="#">
<img src="tuku/ps.jpg" /></a></li>
<li title="ps 处理后的郁金香"><a href="#">
<img src="tuku/Tulips.jpg" /></a></li>
</ul>
<!--图片标题背景-->
<div class="title_bg common"></div>
<!--显示标题-->
<div class="title common"></div>
<!--图片序号-->
<div class="pager common">
<ul>
<li>4</li>
<li>3</li>
<li>2</li>
<li style="background:#e60012;">1</li>
</ul>
</div>
</div>
```

代码详解如下：

（1）用一个 class="imgbox"的 div 作为整个轮播图像区域的容器（包括图像区域、标题区域和序号区域）。

（2）将每一个图片作为 ul 列表中的一个列表项，将第一个列表项（也就是第一幅图像）的样式设为“display: block;”而显示；其他列表项应用 CSS 样式中的“display:none;”而隐藏。图片的切换在 JS 代码中实现，后面会讲到。

（3）用一个 class="title_bg common"的 div 作为图片标题的背景区，这个背景区域使用 relative 定位（在 CSS 中设置），使图片背景放在图像区域之上。

（4）用一个 class="title common"的 div 作为图片标题区。之所以图片标题的背景和图片标题使用两个 div，是因为在 CSS 中为图像标题的背景设置了透明度，如果和标题放在一个 div 中将会影响标题文字的透明度，因此把二者放在不同的 div 中。

（5）用一个 class="pager common"的 div 作为图像序号区，在 div 中包含一个 ul 列表，每一个序号作为其中的一个列表项。值得注意的是，由于在 CSS 中设置了列表的右浮动，因此，列表项的顺序是倒置的。默认的当前序号是 1，背景色被设为#e60012。

7.4.2　CSS 样式

CSS 样式如下：

```
img{border-style:none;}
.imgbox{width:530px;margin:20px;height:350px;}
.imgbox img{width:530px;height:350px;}
.imgbox ul{list-style-type:none;margin:0px;padding:0px;}
.imgbox ul li{display:none;}
.title_bg{z-index:1;background-color:#eee;filter:alpha(opacity=30);-moz-opacity:0.3;opacity:0.3;}
.title{z-index:2;color:#FFF;text-indent:10px;font-size:14px;line-height:40px;}
.pager{z-index:3;}
.common{position:relative;height:40px;margin-top:-43px;}
.pager ul{margin-top:5px;}
.pager ul li{float:right;color:#FFF;font-size:12px;display:block;border:2px solid #aaa; border-radius:15px;
width:15px;height:15px;margin-right:4px;margin-top:5px;text-align:center;line-height:15px;background-
color:#333;cursor:pointer;}
```

CSS 代码详解如下：

（1）img 选择器使得图像没有任何边框。

（2）在.imgbox 选择器中设置图像区域的宽度、高度和边距。

（3）在.imgbox ul 选择器中设置无列表样式、内外边距都为 0。

（4）在.imgbox ul li 选择器中设置列表项不显示，结合 HTML 代码中的<li style="display: block;" title="网页截图">，效果是只有第一个列表项显示，而其他的列表项不显示。

（5）在.title_bg 选择器中设置元素的堆叠顺序为 1，那么图片标题背景层会置于图像层之上；此外还设置图片标题背景层的背景色和透明度。

（6）在.title 选择器中设置元素的堆叠顺序为 2，也就是图片标题会置于图像标题背景层之上。此外还设置了标题文本的颜色、缩进、字体大小、行高。

（7）在.pager 选择器中设置元素的堆叠顺序为 3，即序号层会置于图像标题层之上。

（8）在.common 选择器中设置相对定位（使用相对定位才能使图像、图像标题背景、标题的堆叠生效），此外，设置标题背景区域的位置和高度。

（9）在.pager ul 选择器中设置上边距。

（10）.pager ul li 选择器用于图片序号，设置右浮动（置于标题背景区右侧）、序号字体颜色、字体大小、显示方式，设置序号区域为圆形并设置圆的边框、背景等样式。

7.4.3　JavaScript 代码

JavaScript 代码如下：

```
<script>
    $(document).ready(function () {
            (new CenterImgPlay()).Start();
        });
        function CenterImgPlay() {
            //找到放图像的列表，list 是所有列表项
```

```
            this.list = $(".imgbox").children(":first").children();
            this.indexs = [];
            this.length = this.list.length;
            //图片显示时间
            this.timer = 3000;
            //标题取的是 img 标签中的 title 属性
        this.showTitle = $(".title");
            var index = 0, self = this, pre = 0, handid, isPlay = false, isPagerClick = false;
            this.Start = function () {
                this.Init();
                //计时器，用于定时轮播图片
                handid = setInterval(self.Play, this.timer);
            };
            //初始化
            this.Init = function () {
                var o = $(".pager ul li"), _i;
                for (var i = o.length - 1, n = 0; i >= 0; i--, n++) {
                    this.indexs[n] = o.eq(i).click(self.PagerClick);
                }
            };
            this.Play = function () {
                isPlay = true;  //将 isPlay 赋值为 true，表示当前处于播放状态
                //index 的值增加，直到和列表项的数量相等时将 index 重置为 0，也就是图片切换
    到最后一个时，再从头切换
                index++;
                if (index == self.length) {
                    index = 0;
                }
                //先淡出，在回调函数中执行下一张淡入
                self.list.eq(pre).fadeOut(300, "linear", function () {
                    var info = self.list.eq(index).fadeIn(500, "linear", function () {
                      isPlay = false;
                      if (isPagerClick) { handid = setInterval(self.Play, self.timer); isPagerClick = false; }
                    }).attr("title");
                    //显示标题
                    self.showTitle.text(info);
                    //图片序号背景更换
                    self.indexs[index].css("background-color", "#e60012");
                    self.indexs[pre].css("background-color", "#333");
                    pre = index;
                });
            };
            //图片序号单击
            this.PagerClick = function () {
```

```
                if (isPlay) { return; }
            isPagerClick = true;
                clearInterval(handid);
                var oPager = $(this), i = parseInt(oPager.text()) - 1;
                if (i != pre) {
                    index = i - 1;
                    self.Play();
                }
            };
        };
    </script>
```

代码详解如下：

1. 图片自动轮播

HTML 文档就绪后会执行 CenterImgPlay()的 start 函数。

start 函数中执行初始化方法并且执行计时器。其中 setInterval 函数的作用是间隔指定的毫秒数不停地执行指定的代码，直到 clearInterval()被调用或者窗口关闭。因此在本例中计时器用来定时切换图片，切换的定时是 3000 毫秒，即 3 秒。

在计时器中，Play 函数工作，Play 函数的作用是使用淡出和淡入函数使当前的图片消失，下一张图片出现，并且计算当前图片的序号。

2. 单击序号切换图片

当单击序号时，按照序号的值切换到对应的图片，停止计时器当前的切换状态，把 index 的值对应到当前的序号，再执行图像切换的动作。

页面效果如图 7-9 所示。

图 7-9　图片轮播的效果

7.4.4 使用 jQuery 插件

对于没有接触过编程的初学者来说，理解上面的 JavaScript 代码有些难度。好在网上有众多成熟的 jQuery 插件，使用方便，也免去了自己编程的麻烦。

常见的插件有文件上传类插件、表单验证类插件、表单输入框和选择框插件、时间和日期插件、搜索类插件、在线编辑器插件、多媒体类插件、图片类插件、地图类插件、游戏类插件、表格类插件、统计类插件、菜单和导航类插件、幻灯片和手风琴特效类插件、拖放类插件、DOM 和 AJAX 类插件等。

图片轮播的插件在网上很容易找到，比较成熟的有 Nivo Slider、3D Image Slider、Flexslider 等，可以非常方便地做出图片轮播的效果。

例 7-29 使用 SlidesJS 插件制作图片轮播效果实例

代码参见配套资料中目录 slides 中的内容。在这个例子中，使用代码：

```
<script src="js/jquery-1.9.1.min.js"></script>
<script src="js/jquery.slides.min.js"></script>
```

引入 jQuery 库和 SlidesJS 插件，在代码

```
<script>
    $(function() {
      $('#slides').slidesjs({
        width: 400,
        height: 300,
        play: {
          active: true,
          auto: true,
          interval: 2000,
          swap: true
        }
      });
    });
</script>
```

中来使用插件并对插件进行参数设置。

页面显示效果如图 7-10 所示。

图 7-10 使用插件制作的图片轮播效果

7.4.5　图片轮播在页面中的应用

在网站首页可以看到图片轮播的实际应用，使用一个图片轮播的效果，将图库中的部分图片在首页显著位置切换展示。效果如图 7-11 所示。

图 7-11　网站首页效果图

7.5　本章小结

JavaScript 是一种属于网络的脚本语言，已经被广泛用于 Web 应用开发，常用来为网页添加各式各样的动态功能，为用户提供更流畅美观的浏览效果。

本章简要介绍了 JavaScript 的基本知识和应用方法。首先介绍了 JavaScript 的特点和一些常用的 JavaScript 库。

之后较为详细地讲解了 JavaScript 的基本语法，包括如何在 HTML 中引入 JavaScript，JavaScript 的变量和数据类型，JavaScript 的注释，JavaScript 语句，JavaScript 的函数和作用域，JavaScript 对象，以及 DOM 的知识。

接着介绍了一个著名的 JavaScript 库——jQuery，包括如何引入 jQuery，jQuery 的语法和选择器，jQuery 事件，jQuery DOM 等，并用一些实例展示了如何使用 jQuery 库。

最后详细讲解了一个用在示例网站中的图片轮播效果的 JavaScript 综合应用，不仅包括如何用 jQuery 实现图片轮播效果，还包括如何用基于 jQuery 的插件实现类似的功能。

参考资料

[1] 网页设计．百度百科．http://baike.baidu.com/item/%E7%BD%91%E9%A1%B5%E8%AE%BE%E8%AE%A1/235026

[2] 什么是超文本．http://www.w3school.com.cn/tags/tag_term_hypertext.asp

[3] 万维网．百度百科．http://baike.baidu.com/subview/1453/11336725.htm?fromtitle=%E4%B8%87%E7%BB%B4%E7%BD%91&fromid=215515&type=syn

[4] HTTP 协议详解．http://www.cnblogs.com/EricaMIN1987_IT/p/3837436.html

[5] 详解 URL 的组成．http://blog.csdn.net/ergouge/article/details/8185219

[6] WebKit 技术内幕．朱永盛．北京：电子工业出版社，2014.6

[7] 如何给你的网页选择合适的字体．http://www.uisdc.com/web-page-font-choices

[8] 网页设计中色彩搭配原则及方法．http://wenku.baidu.com/view/ae21931402020740be1e9b1c.html

[9] 浅谈网页设计中的色彩理论．http://blog.jobbole.com/8597/

[10] 色彩理论．百度百科．http://baike.baidu.com/view/2861678.htm

[11] Photoshop 教程：1.工作界面．百度经验．http://jingyan.baidu.com/article/ff42efa91158a0c19e2202ee.html

[12] Photoshop 帮助文档．https://helpx.adobe.com/cn/photoshop/topics.html

[13] PS 图层的功能与操作．http://wenku.baidu.com/view/6cebe2d96f1aff00bed51efe. Html

[14] PS 图像调整功能．http://wenku.baidu.com/view/1189d76858fafab069dc0298.html

[15] PS 滤镜教程和使用方法．http://wenku.baidu.com/view/c401efb93186bceb18e8bb31.html

[16] Adobe® Dreamweaver® CC 帮助．https://helpx.adobe.com/cn/dreamweaver.html

[17] 了解 HTML5 智能表单——第一部分：新输入元素．http://www.adobe.com/cn/devnet/dreamweaver/articles/html5-forms-pt1.html

[18] W3School CSS 简介．http://www.w3school.com.cn/css/css_intro.asp

[19] W3School JavaScript 教程．http://www.w3school.com.cn/js/

[20] CSS3.0．百度百科．http://baike.baidu.com/view/1688480.html

[21] CSS3 实践之路（六）：CSS3 的过渡效果（transition）与动画（animation）．http://www.cnblogs.com/Wenwang/archive/2011/11/21/2256190.html

[22] JavaScript 简明教程．http://www.cnblogs.com/chhlgy/archive/2008/09/15/1291137.html

[23] W3School jQuery 教程．http://www.w3school.com.cn/jquery/

[24] jQuery 温习篇：强大的 jQuery 选择器．http://www.jb51.net/article/23182.htm

[25] 图片轮播实现原理总结．http://www.cnblogs.com/chongsha/p/3157946.htmlJquery

[26] 12 款经典图片轮播 jQuery 插件．http://zmingcx.com/12-picture-carousel-jquery-plugins.html